GB/T 17742—2020

《中国地震烈度表》
宣贯教材

张令心　主编

地震出版社

图书在版编目（CIP）数据

GB/T 17742—2020《中国地震烈度表》宣贯教材/张令心主编.
—北京：地震出版社，2021.1
ISBN 978-7-5028-5305-1

Ⅰ.①G… Ⅱ.①张… Ⅲ.①地震烈度表—中国—教材 Ⅳ.①P315.62

中国版本图书馆 CIP 数据核字（2021）第 019405 号

地震版 XM4846/P（6034）

GB/T 17742—2020《中国地震烈度表》宣贯教材

张令心 主编

责任编辑：王 伟
责任校对：凌 樱

出版发行：**地 震 出 版 社**

    北京市海淀区民族大学南路 9 号   邮编：100081

    发行部：68423031 68467993   传真：88421706

    门市部：68467991   传真：68467991

    总编室：68462709 68423029   传真：68455221

    专业部：68721991

    http://seismologicalpress.com

    E-mail：68721991@sina.com

经销：全国各地新华书店
印刷：河北文盛印刷有限公司

版（印）次：2021 年 1 月第一版   2021 年 1 月第一次印刷
开本：787×1092   1/16
字数：243 千字
印张：9.5
书号：ISBN 978-7-5028-5305-1
定价：80.00 元

编撰委员会

主编：张令心

委员：(以姓氏笔画为序)

马　强　刘如山　孙景江　杜　轲　林均岐

郭恩栋　陶冬旺　谢贤鑫

审查委员会

主审：姚运生

委员：(以姓氏笔画为序)

卢永坤　帅向华　李志强　何少林　宋立军

胡伟华　姜立新　高景春　温增平　黎益仕

前　　言

我国是世界上地震灾害最为严重的国家之一。据统计，我国 20 世纪因地震死亡近 60 万人，占全世界因地震死亡人数的一半左右。进入 21 世纪，我国相继发生了四川汶川 8.0 级地震、青海玉树 7.1 级地震、四川芦山 7.0 级地震、云南鲁甸 6.5 级地震等十余次强烈地震，这些地震造成了严重的经济损失和人员伤亡。

地震烈度是地震引起的地面震动及其影响的强弱程度，是地震学及地震工程学等相关研究的重要基础。地震烈度既综合反映了地震作用的大小，也体现了地震破坏的强弱程度，同时，作为历史的沿革，地震烈度也是工程结构抗震设防的重要依据之一。因此，地震烈度在防震减灾工作中有着广泛且不可替代的作用。总的来说，地震烈度主要用途有以下三方面：

（1）地震烈度是震后了解灾情，进行应急救援、损失评估和恢复重建等工作的重要科学依据。

（2）我国现行的抗震设计规范的设防参数采用烈度或地震动参数的"双轨制"，并且一般情况下采用抗震设防烈度，因此，地震烈度是工程结构抗震设计的必要参数。

（3）地震烈度综合反映了地震影响场，是分析地震成因、地震构造条件等地震学研究的重要依据之一。

《中国地震烈度表》作为国家标准，是统一地震烈度尺度、指导地震现场开展地震烈度评定工作、规范仪器地震烈度测定工作、科学客观地评定地震烈度的规范性文件。

GB/T 17742—2008《中国地震烈度表》自发布实施以后，在地震烈度评定中发挥了重要作用。在此期间，我国相继发生了青海玉树 7.1 级地震、四川芦山 7.0 级地震、云南鲁甸 6.5 级地震、四川九寨沟 7.0 级地震等多次强烈地震，在实际地震烈度评定工作中，又积累了大量震害资料和强震动观测记录，为修订 GB/T 17742—2008 提供了依据。为此，在总结以往地震烈度评定实践经验、大量震害资料和强震动观测记录研究的基础上，结合国际现状，对 GB/T 17742—2008《中国地震烈度表》进行了修订。GB/T 17742—2020《中国地震烈度表》由国家市场监督管理总局和国家标准化管理委员会于 2020 年 7 月 21 日发布，于 2021 年 2 月 1 日实施。

本书作为 GB/T 17742—2020《中国地震烈度表》的宣贯教材，介绍了该标准的编制背景，重点对该标准中各类评定指标的确定和使用进行了详细论述，便于科研和工程技术人员更好地掌握和应用，对中国地震烈度表的贯彻实施具有积极的指导意义。

本书共 7 章。第 1 章"概述"，简要介绍了标准编制的背景、目的、意义和编制原则；第 2 章"修订重点和相关问题处理"，介绍了本次修订的重点和相关问题的处理办法；第 3 章"依据房屋震害的地震烈度评定指标"，介绍了评定地震烈度的房屋类型、破坏等级以及依据各类房屋震害评定地震烈度的指标；第 4 章"依据人的感觉和器物反应的地震烈度评定指标"，介绍了基于地震现场调查资料的人的感觉和器物反应评定地震烈度的指标；第 5 章"依据生命线工程震害的地震烈度评定指标"，介绍了采用桥梁中的梁桥和拱桥、供水管道、供电系统中的高压电气设备震害评定地震烈度的指标；第 6 章"依据其他震害现象的地震烈度评定指标"，介绍了依据构筑物、自然环境震害等其他震害现象评定地震烈度的指标；第 7 章"依据地震观测仪器测定的地震烈度"，介绍了利用地震观测仪器获得的地震动记录计算地震烈度的方法。本书由张令心统稿。第 1、2章由马强、杜轲撰写；第 3 章由孙景江、杜轲撰写；第 4 章由张令心撰写；第 5章由林均岐、郭恩栋、刘如山撰写；第 6 章由张令心撰写；第 7 章由马强、陶冬旺撰写；全文由谢贤鑫汇总。

感谢质检公益性行业科研专项项目《中国地震烈度标准研究》（10-110）和地震行业科研专项经费项目《宏观震害等级标准研究》（200708005）全体研究人员，感谢参加本标准修订的起草单位和主要起草人。

编写组虽然长期从事地震烈度领域的科学研究和地震现场实践，但由于水平有限，书中难免存在疏漏和不妥之处，敬请读者批评指正。

目　　录

第1章 概　　述

1.1　基本情况

《中国地震烈度表》是地震烈度评定的依据，应当随着震害经验的积累、人们对地震认识的深化、工程结构的变化以及地震观测技术的发展等进行不断地修订，以便使地震烈度评定工作更加科学、合理、实用和高效。

2014 年，经国家标准化管理委员会批准，同意对 GB/T 17742—2008《中国地震烈度表》进行修订，项目编号为 20142280-T-419，修订工作由中国地震局工程力学研究所牵头。2017 年 5 月 9 日，全国地震标准化技术委员会组织召开标准审查会，一致投票同意通过审查。

2011 年，中震函〔2011〕351 号批准制定《仪器地震烈度计算》行业标准。2015 年 2 月，因业务需要，中国地震局印发了《仪器地震烈度计算暂行规程》（中震测发〔2015〕18 号），自 2015 年 3 月 1 日起施行。2017 年 6 月 27 日，全国地震标准化技术委员会组织专家召开行业标准审查会，对行业标准《仪器地震烈度计算》进行评审，一致投票同意通过审查。

2019 年 10 月，根据中国地震局相关文件及要求，将《仪器地震烈度计算》内容融入《中国地震烈度表》。2019 年 11 月 22 日，全国地震标准化技术委员会组织专家对合并后的《中国地震烈度表》（报批稿）进行了复核，专家组一致同意该标准的复核。

2020 年 7 月 21 日，根据《中华人民共和国国家标准批准发布公告》（2020 年第 17 号），GB/T 17742—2020《中国地震烈度表》标准获得批准并发布，于 2021 年 2 月 1 日正式实施。

1.2　修订的背景和目的意义

1.2.1　修订背景

GB/T 17742—2008《中国地震烈度表》于 2008 年颁布，实施了十余年，已经不满足地震烈度评定等工作的需求，急需进行修订，主要原因如下：

一是，我国强震动观测发展迅速，原地震烈度表中地震动参数作为烈度评定的参考指标已不满足时代发展的需求。到目前为止，我国已经积累了近 4 万条强震动观测记录，绝大部分是 2008 年四川汶川 8.0 级地震后获取的。GB/T 17742—2008 自发布实施以来，我国相继发生了青海玉树7.1级、四川芦山7.0级、云南鲁甸6.5级、四川九寨沟7.0级等十余次强烈地震，积累了大量强震动观测记录。利用我国数字强震动观测记录快速计算地震烈度的方法经过了近百次破坏性地震的应用实践，为本标准依据地震观测仪器测定地震烈度部分奠定了实践基础。

二是，GB/T 17742—2008中房屋破坏评判对象主要为A类旧式民房和B、C类砖砌体房屋，虽然这些房屋仍然大量存在，但随着我国经济社会的发展，城乡房屋结构发生了很大变化，钢筋混凝土结构比例逐年增加，已成为城乡建筑的主体类型结构之一，另外，城乡生命线工程基础设施日益增多，均需要在地震烈度评定中予以考虑。

三是，四川汶川8.0级地震后发生的十余次破坏性地震，积累了大量的震害调查资料，使补充依据新类型房屋和生命线工程震害的地震烈度评定指标，以及修订其他地震烈度评定指标成为可能。

四是，通过质检公益性行业科研专项项目《中国地震烈度标准研究》（10-110）和地震行业科研专项经费项目《宏观震害等级标准研究》（200708005）的研究工作，标准起草组收集和分析了大量的地震震害资料，研究了各类工程结构地震破坏特征以及不同地震烈度下评定对象的典型标志和评定指标，为该标准修订奠定了坚实的基础。

1.2.2　目的意义

地震烈度是衡量地震引起的地面震动及其影响的强弱程度的等级尺度，它可以直观地反映区域震害程度，在震后受到政府和公众的广泛关注。另外，在地震相关科学研究中，也有着广泛的应用。在地震学中，地震烈度被用来分析历史地震资料，区分不同地区地震活动性的强弱，并作为地震区域划分的标志以及用来研究地震影响场、震源破裂参数等等。在工程上，地震烈度是抗震设防的基本参数，是工程抗震措施的依据。我国绝大部分地区的房屋建筑以及桥梁、水坝、通信、供水、供电和交通等生命线工程均需要满足规定的抗震设防要求。可以说，地震烈度是各项地震工作的交汇枢纽，在地震工作中占有重要地位。制定合理的地震烈度评定标准，客观地评价地震烈度是一项十分重要的工作。

随着震害经验的积累以及人们对地震认识的深化，可以不断总结出一些规律性的现象，分析、统计这些地震破坏规律，从而提炼出评定地震烈度的尺度，并结合震害经验的积累和房屋等工程结构的发展变化，不断修订地震烈度评定标准，使地震烈度评定更加客观、科学、合理。

随着地震观测技术的发展和我国地震观测台网布局的不断改善及台站数量的不断增多，利用地震观测仪器采集的地震动记录快速定量地计算地震烈度，进而得到其空间分布，已逐渐趋于成熟。本次修订特别引入了依据地震观测仪器测定地震烈度作为确定地震烈度的一项指标，并规定了统一的计算方法和计算标准。

修订之后的标准，适应国家治理体系和治理能力现代化、适应"全灾种、大应急"管理体制，聚焦服务于抗震设防、地震预警、地震烈度速报、地震应急救援、震后灾害调查和损失评估及恢复重建等重点工作，更加全面、科学，是防震减灾领域的重要法律法规。

1.3　标准修订原则

　　一是科学性。烈度标准中所提出的指标应建立在充分的震害数据支持、强震动观测数据和科学研究成果的基础上，以保证科学、合理地评估地震烈度。

　　二是一致性。尽可能地保证用不同对象评定的地震烈度一致。

　　三是继承性。保持地震烈度表各地震烈度等级尺度不变，使采用不同时期地震烈度表评定的地震烈度一致。

　　四是可操作性。增加了房屋结构的类型、生命线工程震害评定地震烈度的指标以及仪器测定地震烈度的方法，使标准更具可操作性。

第 2 章 修订重点和相关问题处理

GB/T 17742—2020《中国地震烈度表》修订重点和相关问题处理如下。

2.1 烈度等级表示

从标准的科学普及和推广应用方面考虑，将地震烈度等级改为同时用罗马数字和阿拉伯数字表示，如Ⅵ度（6度），便于公众理解和使用。

2.2 数量词的界定

GB/T 17742—2008 烈度表中数量词分 5 档，即个别（10%以下）、少数（10%~45%）、多数（40%~70%）、大多数（60%~90%）和绝大多数（80%以上）。因地震作用很复杂，震害资料离散性大，用较精确的数量词难以统计出合理的评定指标，故本次修订仍采用 GB/T 17742—2008 的数量词。

2.3 房屋类型的选取

GB/T 17742—2008 规定的房屋评判对象为三类，即 A 类——木构架和土、石、砖墙建造的旧式房屋；B 类——未经抗震设计的单层或多层砖砌体房屋；C 类——按照Ⅶ度抗震设计的单层或多层砖砌体房屋。考虑到钢筋混凝土房屋目前在我国城镇广泛兴建，在发达地区已成为建筑主体，为增强地震烈度表的实用性，故增加该类房屋作为地震烈度评定对象。另外，震害经验表明，穿斗木构架房屋的抗震性能与土木、砖木、石木等房屋存在较大差异，而且是我国云南、四川等地震易发区的常见结构类型，因此将其从原标准的 A 类房屋中分出，单独作为一类评判。这样 GB/T 17742—2020 房屋评判对象扩充为五类，即 A1 类——未经抗震设防的土木、砖木、石木等房屋；A2 类——穿斗木构架房屋；B 类——未经抗震设防的砖混结构房屋；C 类——按照Ⅶ度（7度）抗震设防的砖混结构房屋；D 类——按照Ⅶ度（7度）抗震设防的钢筋混凝土框架结构房屋。

2.4 依据房屋震害评定烈度的指标

编制组依据上百次地震中大量房屋震害总结与统计分析以及房屋地震破坏特征研究成果，将房屋震害评定地震烈度的指标修订如下：

（1）给出了新增的 A2 类和 D 类房屋在不同地震烈度下主要破坏等级的数量。

（2）对原有的 A1 类、B 类、C 类房屋在不同地震烈度下主要破坏等级的数量进行了修订。

（3）给出了 A1 类、A2 类和 D 类房屋在不同地震烈度下的平均震害指数；修订了 B 类和 C 类房屋在不同地震烈度下的平均震害指数。

（4）Ⅴ度时，增加了"个别老旧 A1 类或 A2 类房屋墙体出现轻微裂缝或原有裂缝扩展，个别檐瓦掉落"的表述。震害表明，Ⅴ度时，会有个别年久失修的 A1 类或 A2 类房屋墙体出现轻微裂缝或原有裂缝扩展，说明Ⅴ度有个别轻微损坏是合理的。

（5）GB/T 17742—2008 中，两种破坏等级数量描述时均采用"和/或"表示，本次修订在数据的支持下，统一采用"和"表示，其确定性得以增强。

2.5　依据人的感觉和器物反应评定烈度的指标

编制组通过整理、分析汶川等地震大量人的感觉、器物反应的调查资料，探讨了人的感觉、器物反应与地震烈度的关系，加入了新的评定指标，主要包括：

（1）在Ⅱ度和Ⅲ度中，增加了较高楼层中人的感觉描述，对Ⅴ度和Ⅵ度时人的感觉指标进行了修订。

（2）针对Ⅴ~Ⅸ度，分别增加了物架上小的器物、顶部沉重的器物、家具和室内物品等典型现象的标志。

2.6　依据生命线工程震害评定烈度的指标

编制组收集了自海城、唐山到汶川、玉树等多次破坏性地震的生命线工程震害资料，经统计、分析与研究，新增了依据生命线工程震害评定地震烈度的指标，主要包括：

（1）给出了桥梁中梁桥和拱桥在不同地震烈度下的典型破坏标志。

（2）给出了供水系统中不同材质管道在不同地震烈度下的典型破坏标志和管网功能状态。

（3）给出了供电系统中变压器和瓷柱型高压电气设备在不同地震烈度下的典型破坏标志。

2.7　依据地震地质灾害评定烈度的指标

编制组对依据地震地质灾害进行地震烈度评定的可行性进行了多方面的研究，包括：①收集整理分析了大量地震地质灾害相关文献资料和数据；②与从事地震地质研究的专家进行了多次专题研讨；③在两个行业专项中单独设立研究专题等。目前来看，虽然已进行了大量研究，但结果离散性仍很大，作为成熟、可靠的成果纳入标准以指导地震烈度评定还有所欠缺，因此，本次未对此部分进行修订。希望进一步积累资料，简化评定方法，争取再次修订时纳入。

2.8　依据地震观测仪器测定烈度的方法

GB/T 17742—2008 中，自由场地的强震动记录的水平向地震动峰值加速度和峰值速度作为地震烈度综合评定的参考指标，延续自刘恢先院士主编的《中国地震烈度表》(1980)。

本次修订过程中，编制组对历次地震中获取的强震动记录和历史地震烈度评定结果资料进行了研究，引入了依据地震观测仪器测定的地震烈度。地震烈度的仪器测定，采用的是符合条件的自由场地表地震动记录，经过基线校正、记录转换、数字滤波、记录合成、地震动参数计算和烈度计算等流程，得到地震烈度的计算值。

在评定中，规定地震烈度评定可综合运用宏观调查和仪器测定的多指标方法。在具体操作中规定，不具备仪器测定地震烈度条件的地区，应使用宏观调查评定地震烈度；具备仪器测定地震烈度条件的地区，宜采用仪器测定的地震烈度。

第3章　依据房屋震害的地震烈度评定指标

地震烈度分为Ⅰ度到Ⅻ度，其中Ⅵ～Ⅹ度是人们最为关心的地震烈度区段，因为在这个地震烈度区段会产生房屋破坏，直接关系到人民的居住安全以及人员伤亡和经济损失。有人类的地方，就有房屋存在，房屋在人类生活中是不可或缺的生存环境。在Ⅵ度及以上，地震烈度表中采用房屋结构震害、地表震害现象、人的感觉以及其他震害现象等多种标志来评定地震烈度等级，但真正被用来评定地震烈度的主要还是房屋结构的破坏程度，只有在找不到房屋标志的地方，才用其他标志来评定地震烈度。因此，地震烈度评定要以房屋震害作为主要的评定指标。

GB/T 17742—1999《中国地震烈度表》的房屋评判对象仅为未经抗震设计或加固的砖混和砖木房屋，且Ⅵ度、Ⅶ度、Ⅷ度和Ⅸ度的评定指标分别为损坏、轻度破坏、中等破坏和严重破坏，这样的评定标准过于概念化，没有具体定量指标，不易评定操作。随着国家经济发展，城乡房屋结构发生很大变化，经过抗震设防的建筑逐渐增加，同时旧式民房仍然大量存在，这些都需要在地震烈度评定中加以考虑。

GB/T 17742—2008《中国地震烈度表》的重点修订是给出三种类型房屋（木构架和土、石、砖墙建造的旧式房屋，未经抗震设计和经抗震设计的单层或多层砖砌体结构房屋）的地震烈度评定方法和量化评判指标。GB/T 17742—2008 在四川汶川8.0级地震、青海玉树7.1级地震及近年的地震烈度评定中应用，取得良好评定效果。

在以上工作基础上，进一步搜集了112次地震的房屋震害数据，其中包括本编制组成员在地震现场调查的大量数据（四川汶川8.0级地震和云南宁洱6.4级地震等），粗略估计农居房屋100多万栋、多层楼房4万多栋。GB/T 17742—2020 进一步将我国房屋类型按照抗震能力的不同划分为五类，在 GB/T 17742—2008 基础上增加两类房屋类型，即穿斗木构架房屋和按照Ⅶ度抗震设防的钢筋混凝土框架房屋。搜集了历史地震中五类房屋相应的震害资料作为统计分析的基础数据源，在此基础上对各类房屋震害程度描述和平均震害指数进行研究。分析了五类房屋在Ⅵ～Ⅺ度的破坏比均值及标准差，采用不定数量词对破坏比均值进行震害程度描述，通过计算给出了五类房屋的平均震害指数。GB/T 17742—2020 中表1的房屋震害栏内，分别列出了震害程度和平均震害指数两个指标。这两个指标既相互独立，又相互联系，它们共同代表了房屋的震害程度状况。

在使用 GB/T 17742—2020 中的房屋震害评定地震烈度时，还需要注意以下几方面问题：

（1）地震烈度表中的房屋震害程度，是指一地区范围内房屋出现的震害程度。因为，地震烈度本身是指一定地区范围内地震引起的地面震动及其影响的强弱程度。无论是地面震动还是其影响，都具有随机性，地震烈度描述的应是平均状态，不能由某一栋房屋出现的震害程度去评定地震烈度，必须是指一个村、镇，或城市的一个街区范围内房屋所出现的震害程度。

（2）我国幅员辽阔，房屋类型复杂，远非简单归类所能概况。当采用相对于建筑质量特别差或者特别好，地基特别差或者特别好的房屋，以及低于或者高于Ⅶ度抗震设计，或者采用高楼上人的感觉和器物反应，可根据具体情况，将 GB/T 17742—2020 表 1 中各地震烈度相应的震害程度和平均震害指数予以适当提高或者降低。具体参照 GB/T 17742—2020 中 4.2.7 条执行。

（3）一定要注意平均震害指数的平均意义。所谓平均意义，首先是要在大样本量下的统计平均才有意义；其次是房屋的种类也应多样化，这样才有平均意义。满足以上两方面的统计前提，所得结果的平均意义才充分。为了满足大样本量，在农村可按自然村为单位，在城镇可按街区（面积以 1km² 左右为宜），进行调查统计。如果统计区的房屋种类有 5 种以上，各种类的数量都在 10 栋以上，其结果的平均意义较好；如果统计区内房屋种类很单一，出现特别差或者特别好的情况，就需要酌情考虑平均意义的不足，对评定结果作适当的调整。

3.1　国内外地震烈度表中房屋震害评定指标对比分析

对国内外主要地震烈度表中关于房屋震害的评定指标进行了对比研究，包括《新的中国地震烈度表》（以下简称《中国 1957》）、《中国地震烈度表》（1980）（以下简称《中国 1980》）、GB/T 17742—1999《中国地震烈度表》、GB/T 17742—2008《中国地震烈度表》、美国"修正麦加利地震烈度表"（以下简称《美国 M.M》）、欧洲的 MSK 地震烈度表（以下简称《欧洲 MSK》）、《欧洲地震烈度表》EMS（1998）（以下简称《欧洲 EMS-98》）和日本气象厅地震烈度表（以下简称《日本 JMA》）。

3.1.1　房屋类型对比

表 3.1-1 给出了国内外不同地震烈度标准中房屋类型的对比，从表中可以看出，不同国家地震烈度标准的房屋类型的选取大体上遵循房屋的抗震能力由低到高的原则，选取了 1、2、3 或 6 个房屋类型。其中《欧洲 EMS-98》中包括的房屋类型更为全面，在提高地震烈度评定的准确程度的同时提高了现场评定地震烈度的难度，较多的房屋类型需要专业人士进行现场评定地震烈度。我国地震烈度表中的房屋类型也随着经济的发展而变化，《中国 1980》与 GB/T 17742—1999 中评判地震烈度的房屋类型都只有一类。《中国 1980》将评判地震烈度的房屋类型概括为一般房屋，GB/T 17742—1999 将评判地震烈度的房屋类型概括为房屋，GB/T 17742—2008 将评判地震烈度的房屋类型在 GB/T 17742—1999 中房屋类型的基础上扩展成三类。在我国城乡的房屋结构类型中，GB/T 17742—2008 中所规定的旧式房屋（A 类）和未经抗震设防的砖砌体房屋（B 类）仍普遍存在，但在城市中，经过抗震设防的砖砌体房屋和钢筋混凝土框架房屋正在逐渐增多，而旧式房屋正在逐渐减少。

表 3.1-1　不同地震烈度标准中房屋类型对比

地震烈度表名称	房屋结构类型
《美国 M.M》	A 类：土坯房，砖结构，无筋砖结构构架房（未锚固于基础）。 B 类：不良的钢筋混凝土结构。 C 类：良好的钢筋混凝土结构等
《欧洲 MSK》	A 类：毛石房屋、农村房屋、土坯房屋、用麦秆和粘土砌成的房屋。 B 类：一般砖砌房屋、大型砌块及预制构件房屋、构架房屋、块石房屋。 C 类：钢筋混凝土框架房屋，修建良好的木结构房屋
《日本 JMA》	A 类：抗震性能低的木结构房屋。 B 类：抗震性能高的木结构房屋
《欧洲 EMS-98》	A 类：毛石结构，散石结构，土坯（土砖）结构。 B 类：料石结构和具有加工过的石块的无筋砌体结构。 C 类：巨石结构，具有钢筋混凝土楼板的无筋砌体结构，未经抗震设计的钢筋混凝土框架结构，未经抗震设计的钢筋混凝土剪力墙结构。 D 类：配筋砌体结构或箍约砌体结构，按具有中等抗震设计水平的钢筋混凝土框架结构和剪力墙结构，木构架结构。 E 类：具有很高抗震设计水平的钢筋混凝土框架结构和剪力墙结构，钢结构。 F 类：为 E 类延伸，具有很强抗震能力的结构
《中国 1957》	Ⅰ类：简陋的棚舍；土坯或毛石等砌筑的拱窑；夯土墙或土坯、碎砖、毛石、卵石等砌墙，用树枝、草泥做顶，施工粗糙的房屋。 Ⅱ类：夯土墙或用低级灰浆砌筑的土坯、碎砖、毛石、卵石等墙，不用木柱的，或虽有细小木柱、但无正规的木架的房屋；老旧的有木架的房屋。 Ⅲ类：有木架的房屋（宫殿，庙宇，城楼，钟楼，鼓楼和质量较好的民房）；竹笆或灰板条外墙，有木架的房屋；新式砖石房屋
《中国 1980》	一般房屋包括木构架和土、石、砖墙构造的旧式房屋和单层或数层的、未经抗震设计的新式砖房
GB/T 17742—1999	房屋为未经抗震设计或加固的单层或数层砖混和砖木房屋
GB/T 17742—2008	A 类：木构架和土、石、砖墙建造的旧式房屋。 B 类：未经抗震设防的单层或多层砖砌体房屋。 C 类：按照Ⅶ度抗震设防的单层或多层砖砌体房屋

3.1.2　房屋破坏等级

　　表 3.1-2 为不同地震烈度表中房屋破坏等级的对比，从表中可以看出，各地震烈度表的房屋破坏等级划分为 4 到 6 个等级，《欧洲 MSK》的房屋破坏等级划分为 5 个等级，从轻

微破坏、中等破坏、严重破坏、毁坏到倒塌，无基本完好，震害描述较为简单。《欧洲EMS-98》中房屋破坏等级也划分为5个等级，并细致地描述了5个破坏等级对应的砌体结构和钢筋混凝土结构震害情况，比《欧洲MSK》复杂许多。《中国1957》中房屋破坏等级划分为4个等级，从轻微损坏到倾倒，同《欧洲MSK》一样无基本完好，详细描述了不同等级的房屋破坏的所有可能情况。《中国1980》与GB/T 17742—1999中房屋破坏等级划分为6个等级，本着简便易用的原则，对应的震害描述几乎一致，不同的是，GB/T 17742—1999中的最后2个破坏等级采用了数量词进行了修饰，分别为"大多数倒塌"和"普遍倒塌"。这两个地震烈度表较《中国1957》中的破坏描述部分简单了许多。GB/T 17742—2008的房屋破坏等级划分为5个等级，震害描述的复杂性介于《中国1957》与GB/T 17742—1999之间，同时与之相比，更显简练、重点突出。

表3.1-2　不同地震烈度表中房屋破坏等级对比

地震烈度表名称	房屋破坏等级
《欧洲MSK》	轻微破坏——抹灰层细小裂缝，掉土。 中等破坏——墙上出现不大的裂缝，抹灰层大块脱落，房瓦掉落，烟囱裂缝、部分倾倒。 严重破坏——墙体有深大的裂缝，烟囱倒塌。 毁　　坏——墙头破裂，房屋部分坍塌。墙间联系破坏，建筑物断为数段，内墙及框架填充墙倒塌。 倒　　塌——建筑物完全倾倒
《欧洲EMS-98》	基本完好至轻微破坏——承重结构没有损坏，非承重结构只遭受轻微损坏。 中等破坏——承重结构遭受轻微损坏，非承重结构遭受中等损坏。 显著破坏至严重破坏——承重结构遭受中等损坏，非承重结构遭受严重损坏。 毁　　坏——承重结构和非承重结构遭受严重破坏。 倒　　塌——非常严重的结构破坏
《中国1957》	轻微损坏——粉饰的灰粉散落。 损　　坏——抹灰层上有裂缝，泥块脱落。 破　　坏——抹灰层大片崩落。 倾　　倒——建筑物的全部或相当大部分的墙壁、楼板和屋顶倒塌
《中国1980》	损　　坏——个别砖瓦掉落、墙体微细裂缝。 轻度破坏——局部破坏，开裂，但不妨碍使用。 中等破坏——结构受损，需要修理。 严重破坏——墙体龟裂，局部倒塌，修复困难。 倒　　塌——大部倒塌，不堪修复。 毁　　灭

续表

地震烈度表名称	房屋破坏等级
GB/T 17742—1999	损　　坏——墙体出现裂缝，檐瓦掉落，少数屋顶烟囱裂缝、掉落。 轻度破坏——局部破坏，开裂，小修或不需要修理可继续使用。 中等破坏——结构破坏，需要修复才能使用。 严重破坏——结构严重破坏，局部倒塌，修复困难。 大多数倒塌。 普遍倒塌
GB/T 17742—2008	基本完好——承重和非承重构件完好，或个别非承重构件轻微损坏，不加修理可继续使用。 轻微破坏——个别承重构件出现可见裂缝，非承重构件有明显裂缝，不需要修理或稍加修理即可继续使用。 中等破坏——多数承重构件出现轻微裂缝，部分有明显裂缝，个别非承重构件破坏严重，需要一般修理后可使用。 严重破坏——多数承重构件破坏较严重，非承重构件局部倒塌，房屋修复困难。 毁　　坏——多数承重构件严重破坏，房屋结构濒于崩溃或已倒毁，已无修复可能

3.2　评定地震烈度的房屋类型

　　本次修订在 GB/T 17742—2008 的基础上增加两类房屋类型，即一类是抗震性能明显区别其他 A 类房屋的穿斗木构架房屋；一类是现今普遍兴建的钢筋混凝土框架结构房屋。

　　穿斗木构架房屋属于木构架房屋的一种，它以木构架为承重结构，土墙或砖墙或其他材料做围护结构，梁柱接头为榫接。地震中穿斗木构架房屋的震害明显轻于木构架和土、石、砖墙建造的旧式房屋的震害；大量震害表明，穿斗木构架房屋的抗震性能在高烈度区要高于未经抗震设防的砌体房屋。因此，根据穿斗木构架独特的结构形式和区别于其他木构架房屋以及未经抗震设防砌体房屋的抗震能力，将穿斗木构架房屋作为单独一类房屋类型进行地震烈度评定。

　　一般情况下，钢筋混凝土框架结构房屋的抗震性能好于经过抗震设防的砖混结构房屋。随着我国经济实力的提升，钢筋混凝土框架结构房屋在建筑结构中非常普遍，而且在最近几次的破坏性地震中，钢筋混凝土框架结构房屋在不同烈度区内的破坏也存在一定的规律，但我国地震烈度表中并无该类房屋的地震烈度评定标准。因此，本次修订对该类房屋的震害情况进行单独统计分析，给出了该类房屋的地震烈度评定标准。

　　下面是本次修订后用于评定地震烈度的五类房屋类型：

　　A1 类：未经抗震设防的土木、砖木、石木等房屋，如图 3.2 - 1 所示；

　　A2 类：穿斗木构架房屋，如图 3.2 - 2 所示；

　　B 类：未经抗震设防的砖混结构房屋，如图 3.2 - 3 所示；

　　C 类：按照Ⅶ度（7 度）抗震设防的砖混结构房屋，如图 3.2 - 4 所示；

　　D 类：按照Ⅶ度（7 度）抗震设防的钢筋混凝土框架结构房屋，如图 3.2 - 5 所示。

(a)　　　　　　　　　　　　　　　　　(b)

图 3.2 - 1　A1 类房屋类型

（a）土木房屋（木屋架或梁直接搭在土坯墙上）；（b）砖木房屋（木屋架直接搭在砖墙上）

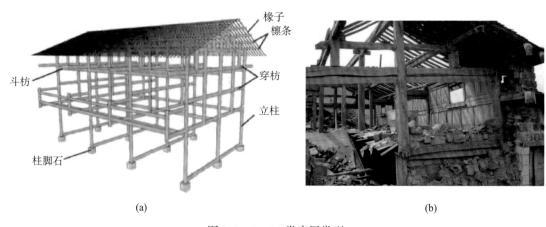

(a)　　　　　　　　　　　　　　　　　(b)

图 3.2 - 2　A2 类房屋类型

（a）川西典型的穿斗木构架房屋构造示意图；（b）穿斗木构架房屋

(a)　　　　　　　　　　　　　　　　　(b)

图 3.2 - 3　B 类房屋类型

（a）未经抗震设防的单层砖混结构房屋；（b）未经抗震设防的多层砖混结构房屋

图 3.2-4　C 类房屋类型

按照Ⅶ度抗震设防的砖混结构房屋（圈梁、构造柱等抗震措施齐全）

图 3.2-5　D 类房屋类型

按照Ⅶ度抗震设防的钢筋混凝土框架结构房屋（主要承重构件梁、柱现浇）

3.3　房屋破坏等级及其对应的震害指数

房屋破坏等级划分为基本完好、轻微破坏、中等破坏、严重破坏和毁坏 5 个等级，其定义和对应的震害指数 d 如下：

（1）基本完好：承重和非承重构件完好，或个别非承重构件轻微损坏，不加修理可继续使用。对应的震害指数范围为 $0.00 \leqslant d < 0.10$，可取 0.00；

（2）轻微破坏：个别承重构件出现可见裂缝，非承重构件有明显裂缝，不需要修理或稍加修理即可继续使用。对应的震害指数范围为 $0.10 \leqslant d < 0.30$，可取 0.20；

（3）中等破坏：多数承重构件出现轻微裂缝，少数有明显裂缝，个别非承重构件破坏严重，需要一般修理后可使用。对应的震害指数范围为 $0.30 \leqslant d < 0.55$，可取 0.40；

　　（4）严重破坏：多数承重构件破坏较严重，非承重构件局部倒塌，房屋修复困难。对应的震害指数范围为 $0.55 \leqslant d < 0.85$，可取 0.70；

　　（5）毁坏：多数承重构件严重破坏，房屋结构濒于崩溃或已倒毁，已无修复可能。对应的震害指数范围为 $0.85 \leqslant d \leqslant 1.00$，可取 1.00。

　　其中，数量词采用个别、少数、多数、大多数和绝大多数，其范围界定如下：

　　（1）"个别"为 10%以下；

　　（2）"少数"为 10%~45%；

　　（3）"多数"为 40%~70%；

　　（4）"大多数"为 60%~90%；

　　（5）"绝大多数"为 80%以上。

　　表 3.3-1 和 3.3-2 分别为砖混结构和钢筋混凝土结构房屋破坏等级划分的示意图及描述。

表 3.3-1　砖混结构房屋破坏等级划分示意图及描述

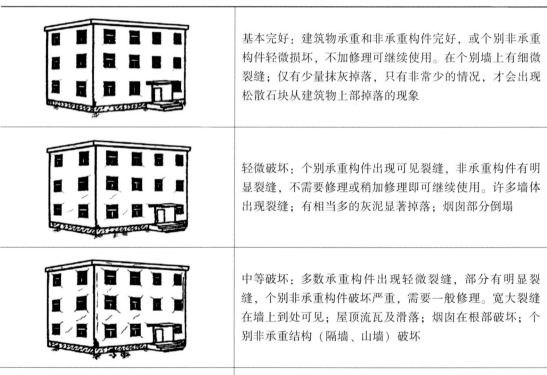

	基本完好：建筑物承重和非承重构件完好，或个别非承重构件轻微损坏，不加修理可继续使用。在个别墙上有细微裂缝；仅有少量抹灰掉落，只有非常少的情况，才会出现松散石块从建筑物上部掉落的现象
	轻微破坏：个别承重构件出现可见裂缝，非承重构件有明显裂缝，不需要修理或稍加修理即可继续使用。许多墙体出现裂缝；有相当多的灰泥显著掉落；烟囱部分倒塌
	中等破坏：多数承重构件出现轻微裂缝，部分有明显裂缝，个别非承重构件破坏严重，需要一般修理。宽大裂缝在墙上到处可见；屋顶流瓦及滑落；烟囱在根部破坏；个别非承重结构（隔墙、山墙）破坏
	严重破坏：多数承重构件破坏较严重，或有局部倒塌，需要大修，个别建筑修复困难。墙体严重损坏；屋顶和楼层部分破坏

毁坏：多数承重构件严重破坏，结构濒于崩溃或已倒毁，已无修复可能。全部或几乎全部倒塌

表 3.3－2　钢筋混凝土房屋破坏等级划分示意图及描述

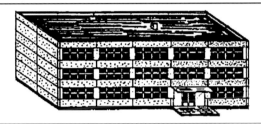

基本完好：建筑物承重和非承重构件完好，或个别非承重构件轻微损坏，不加修理可继续使用。最底层墙体和框架构件的抹灰层有细微裂缝；隔墙和填充墙有细裂缝

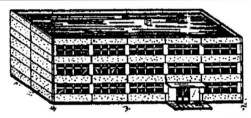

轻微破坏：个别承重构件出现可见裂缝，非承重构件有明显裂缝，不需要修理或稍加修理即可继续使用。框架结构的柱和梁出现裂缝及剪力墙结构墙体出现裂缝；隔墙和填充墙有裂缝；钢筋的混凝土保护层和灰泥脱落；隔墙和填充墙有砂浆脱落

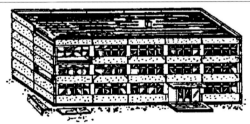

中等破坏：多数承重构件出现轻微裂缝，部分有明显裂缝，个别非承重构件破坏严重，需要一般修理。在底层的钢筋混凝土梁柱节点及联肢墙的连接处出现裂缝；混凝土龟裂剥落，钢筋受压屈曲；隔墙和填充墙出现大裂缝，个别填充墙遭受破坏

严重破坏：多数承重构件破坏较严重，或有局部倒塌，需要大修，个别建筑修复困难。伴随混凝土压碎和钢筋受压屈曲失稳，承重结构出现大裂缝，梁钢筋锚固粘接失效，柱子倾斜；少数柱子倒塌，少量上部楼层坍塌

毁坏：多数承重构件严重破坏，结构濒于崩溃或已倒毁，已无修复可能。下部楼层坍塌或者建筑物局部（比如翼楼）坍塌

3.4　房屋震害数据统计分析

3.4.1　统计数据的基本信息

依据房屋震害评定地震烈度的研究采用历史震害统计分析法，该方法是收集大量的历史地震中的房屋震害资料作为基础数据，通过整理、分类以及统计分析，得到不同房屋类型在不同地震烈度下的震害情况，以追求可以更好地评定地震烈度。共收集了从 1975~2015 年 40 年间的 112 次破坏性地震中房屋调查的震害资料，表 3.4-1 为收集到的地震的基本情况。表 3.4-2 为不同类型房屋在不同地震烈度下的调查面积。

表 3.4-1　112 次地震的基本情况

No.	地震名称	年份	震级	No.	地震名称	年份	震级
1	辽宁海城地震	1975	7.3	22	四川沐川地震	1995	5.1
2	河北唐山地震	1976	7.8	23	甘肃永登地震	1995	5.8
3	云南中甸地震	1993	5.6	24	云南丽江地震	1996	5.2
4	云南姚安地震	1993	5.6	25	云南丽江地震	1996	5.7
5	云南景谷—临沧—双江震群	1993	4.9	26	云南丽江地震	1996	7
6	新疆喀什地震	1993	6.0	27	新疆伽师—阿图什地震	1996	6.9
7	西藏拉孜—昂仁地震	1993	6.6	28	四川宜宾地震	1996	5.4
8	四川沐川地震	1993	5.0	29	四川白玉—巴塘地震	1996	5.5
9	四川德格地震	1993	5.0	30	内蒙古包头西地震	1996	6.4
10	云南普洱地震	1993	6.3	31	甘肃天祝—古浪地震	1996	5.4
11	云南景谷地震	1994	5.2	32	重庆荣昌地震	1997	5.3
12	四川沐川地震	1994	5.7	33	云南勐腊—景洪地震	1997	5.1
13	四川江油地震	1994	4.7	34	云南丽江地震	1997	5.3
14	青海共和—兴海地震	1994	5.5	35	云南景洪—江城地震	1997	5.5
15	青海共和—兴海地震	1994	6.0	36	新疆伽师地震	1997	6.0
16	青海共和地震	1994	5.8	37	新疆伽师地震	1997	6.4
17	云南武定地震	1995	6.5	38	新疆伽师地震	1997	6.6
18	云南孟连西中、缅交界地震	1995	7.3	39	福建永安西南地震	1997	5.2
19	云南金平地震	1995	5.6	40	云南宣威地震	1998	5.1
20	云南沧源—澜沧地震	1995	5.1	41	云南宁蒗地震	1998	5.3
21	新疆吉木乃地震	1995	5.0	42	云南宁蒗地震	1998	6.2

No.	地震名称	年份	震级	No.	地震名称	年份	震级
43	新疆皮山地震	1998	6.2	71	重庆荣昌地震	2001	4.9
44	新疆拜城地震	1998	5.5	72	云南楚雄地震	2001	5.3
45	新疆阿图什地震	1998	6.0	73	甘肃肃南地震	2001	5.3
46	新疆阿合奇地震	1998	4.8	74	云南江川地震	2001	5.1
47	河北张北地震	1998	6.2	75	四川仁寿—双流地震	2002	4.6
48	重庆荣昌地震	1999	5.0	76	四川新龙地震	2002	5.3
49	云南澄江地震	1999	5.2	77	内蒙古锡林郭勒盟西乌珠穆沁旗地震	2002	5.0
50	新疆库车地震	1999	5.6	78	甘肃玉门地震	2002	5.9
51	四川绵竹清平地震	1999	5.0	79	新疆乌恰地震	2002	5.7
52	四川绵竹汉旺地震	1999	5.0	80	新疆巴楚—伽师地震	2003	6.8
53	青海玛沁地震	1999	5.0	81	青海德令哈地震	2003	6.6
54	内蒙古锡林浩特地震	1999	5.2	82	新疆伽师地震	2003	5.8
55	辽宁海城—岫岩地震	1999	5.6	83	四川西昌、昭觉间地震	2003	4.8
56	河北张北地震	1999	5.6	84	云南大姚地震	2003	6.2
57	甘肃文县—武都地震	1999	4.7	85	内蒙古巴林左旗—阿鲁科沁旗地震	2003	5.9
58	云南姚安地震	2000	6.5	86	四川盐源地震	2003	5.0
59	云南武定地震	2000	5.1	87	云南大姚地震	2003	6.1
60	云南丘北—弥勒地震	2000	5.5	88	甘肃民乐—山丹地震	2003	6.1、5.8
61	云南陇川西中缅边境地震	2000	5.8	89	云南鲁甸地震	2003	5.1
62	青海杂多地震	2000	5.3	90	新疆昭苏地震	2003	6.1
63	青海兴海地震	2000	6.6	91	内蒙古锡林郭勒盟东乌珠穆心旗	2004	5.9
64	甘肃景泰地震	2000	5.9	92	云南鲁甸地震	2004	5.6
65	云南永胜地震	2001	6.0	93	甘肃岷县—卓尼地震	2004	5.0
66	云南施甸地震	2001	5.2	94	云南双柏地震	2004	5.0
67	四川雅江—康定地震	2001	6	95	云南思茅地震	2005	5.0
68	云南澜沧地震	2001	5.0	96	黑龙江林甸地震	2005	5.1
69	四川盐源地震	2001	5.8	97	云南文山地震	2005	5.3
70	云南宁蒗—四川盐源地震	2001	5.8	98	新疆墨玉县地震	2005	5.2

No.	地震名称	年份	震级	No.	地震名称	年份	震级
99	广西平果—田东地震	2005	4.6	106	新疆尼勒克、巩留交界地震	2011	6.0
100	云南宁洱地震	2007	6.4	107	新疆和硕地震	2012	5.0
101	福建顺昌地震	2007	4.7	108	甘肃岷县漳县地震	2013	6.6
102	四川汶川地震	2008	8.0	109	云南芦山地震	2013	7.0
103	四川攀枝花地震	2008	6.1	110	新疆玉田地震	2014	7.3
104	云南姚安	2009	6.0	111	四川康定地震	2014	6.3
105	青海玉树地震	2010	7.1	112	云南鲁甸地震	2014	6.5

表 3.4-2　房屋不同烈度区调查面积（$10^4 m^2$）

房屋类型	地震烈度						
	VI度	VII度	VIII度	IX度	X度	XI度	总面积
木构架、土、石、砖墙房屋	18055.5	5171.9	1238.6	130.7	7.7	6.1	24610.5
穿斗木构架房屋	3088.2	1220	625.2	352.5	—	—	5285.9
单层或多层砖混结构房屋	2963.9	1815.4	7702.7	165.	1.0	5.2	12653.2
钢筋混凝土框架结构房屋	1161.5	383.8	127.1	79.4	—	—	1751.8

3.4.2　B 类和 C 类房屋震害数据处理

在收集到的砖混结构房屋震害中，并未标识哪些数据是未经抗震设防的或是抗震设防的震害数据。因此，针对这组混合的砖混结构震害数据，在进行震害统计分析之前，需要对收集到的这些数据进行区分或是找到一个方法能够达到将混合的震害数据分成未经抗震设防和抗震设防两类，达到分别统计分析的目的。

这部分混合数据来源于 1993～2014 年的 61 次地震，并且绝大部分分布在西南地区，其中云南占 32 次地震，四川和新疆各占 9 次地震，甘肃和青海各占 4 次地震，广西、西藏、重庆各占 1 次地震。按照每间 $30m^2$ 计算，总房屋面积约 12653.2 万平方米。

1. 处理方法

对砖混结构房屋震害数据的处理方法是假定 1978 年以前城镇砖混房屋全部未设防，此后按 GDP 增长逐年增加设防比例，直至达到本研究收集到的城镇 2015 年实际设防与未设防的比例。

另一方面还要将设防与未设防的混合在一起的砖混房屋震害数据分开，譬如一个城市或其中某区域采集的数据经上一步分离后得出设防与未设防结构的比例为 7∶3，进一步要将混合在一起的各破坏等级的实际调查破坏比分成设防与未设防结构的破坏比。同样采用已知几个城镇的实际数据统计，得出两者实际比例，将其他未区分设防与未设防房屋的震害数据分离。

2. 设防砖混结构房屋所占比例

我国抗震设防开始于 1978 年，1978 年之后各地根据 TJ 11—78《工业与民用建筑抗震设计规范》开始建造房屋。因此，我们可以认为 1978 年之前建造的砖混结构房屋属于未经抗震设防的砖混结构房屋，仅将 1978 年之后收集的砖混结构房屋震害数据进行区分。

未经过抗震设防的砌体房屋的抗震能力比经过抗震设防的砌体房屋抗震能力差，在一次地震中，同一地区、同一结构类型的未经过抗震设防的房屋在地震中的震害指数一定会大于经过抗震设防的房屋。对于未设防的砌体房屋，会随着时间的推移，震后的震害指数也会增大。我国城乡建造的抗震设防的房屋的比例与国家的科技进步和综合国力的增强成正比。按照这一原则，找到他们之间的换算关系，就可以区分未经过抗震设防的房屋和抗震设防的房屋。

假设 1978~2015 年我国 GDP 的增长趋势同这一时期的经过抗震设防的砖混结构房屋在总体房屋中所占的比例是一致的，就可以通过我国 GDP 对应出经过抗震设防的砖混结构房屋占总房屋的比例。图 3.4－1 为 1978~2015 年我国的国内生产总值的走势图。

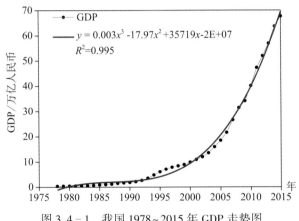

图 3.4－1　我国 1978~2015 年 GDP 走势图

2008 年四川汶川 8.0 级地震后，大量的地震专家赶赴江油市，该市的抗震设防烈度为 7 度（0.15g），调查统计了该市的不同类型房屋，认真记录了房屋具体的建筑年代、结构类型、建筑面积、使用功能等内容，并统计了各类型房屋的破坏比例，其中调查的砖混结构房屋共有 2258 栋，按照年代划分，以 1978 年为时间节点，节点之前建造的房屋数量占总砖混结构房屋数量的 11.6%，节点之后建造的房屋占 88.4%。而且现在的大中小城市中仍存在未经过抗震设防的砖混结构房屋，所以，假设到 2015 年，经过抗震设防的房屋与未经过抗震设防的房屋比值为 9：1。依据这一比值和图 3.4－1，得到了 1978~2015 年经过抗震设防的砖混结构房屋占总砖混结构房屋的比例，如图 3.4－2 所示。表 3.4－3 列举了 1993~2015 年经过抗震设防的砖混结构房屋占总砖混结构房屋的具体数值，并给出了不同年份的经过抗震设防的房屋与未经过抗震设防的房屋比值 Q_y。

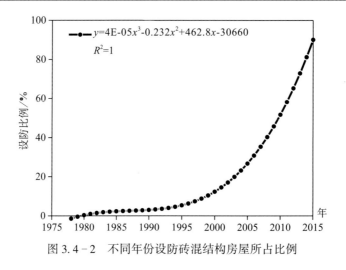

图 3.4 - 2　不同年份设防砖混结构房屋所占比例

表 3.4 - 3　1993~2015 年设防砖混结构房屋的比例情况

年份	设防比例	设防/未设防 Q_y	年份	设防比例	设防/未设防 Q_y
2015	90. 0	9. 00	2003	19. 9	0. 25
2014	81. 1	4. 30	2002	17. 0	0. 21
2013	72. 9	2. 69	2001	14. 5	0. 17
2012	65. 2	1. 88	2000	12. 3	0. 14
2011	58. 2	1. 39	1999	10. 4	0. 12
2010	51. 7	1. 07	1998	8. 8	0. 10
2009	45. 7	0. 84	1997	7. 4	0. 08
2008	40. 3	0. 67	1996	6. 3	0. 07
2007	35. 3	0. 55	1995	5. 3	0. 06
2006	30. 8	0. 45	1994	4. 6	0. 05
2005	26. 8	0. 37	1993	4. 0	0. 04
2004	23. 1	0. 30			

3. 比例因子 β_{ij}

　　表 3.4 - 4 分别列出了江油市的总体砖混结构房屋的破坏比、未设防和设防的砖混房屋不同破坏等级下的破坏比例，并将设防的砖混结构房屋的破坏比与未设防的砖混结构房屋的破坏比定义为比例因子 β_{ij}，其中，i 为不同的地震烈度等级，j 为房屋震害的破坏等级。因江油市是抗震设防 7 度 （0.15g），表 3.4 - 4 的结果就是抗震设防 7 度 （0.15g） 的比例因子 β_{ij}。通过表 3.4 - 5 抗震设防烈度与设计基本加速度的对应关系，换算出 6 度、7 度 （0.1g）、8 度 （0.2g）、9 度设防的比例因子 β_{ij}，由此可得到不同地震烈度下各破坏等级的比例因子矩阵，见表 3.4 - 6。

表 3.4-4 比例因子的确定

破坏等级	总体房屋/%	未 设 防/%	设 防/%	比例因子 β_{ij}
基本完好	6.3	2.3	6.9	6.9/2.3 = 3
轻微破坏	26	15.5	27.3	27.3/15.5 = 1.76
中等破坏	50.5	46.5	51.1	51.1/46.5 = 1.1
严重破坏	17.1	35.2	14.6	14.6/35.2 = 0.41
毁 坏	0.1	0.5	0.1	0.1/0.5 = 0.2

表 3.4-5 抗震设防烈度和设计基本加速度值的对应关系

抗震设防烈度	6 度	7 度	8 度	9 度
设计基本地震加速度值	0.05g	0.10g（0.15g）	0.20g（0.30g）	0.40g

表 3.4-6 不同地震烈度下各破坏等级的比例因子 β_{ij} 矩阵

	Ⅵ度	Ⅶ度	Ⅷ度	Ⅸ度
基本完好	1.0	2.0	4.0	8.0
轻微破坏	0.6	1.2	2.3	4.7
中等破坏	0.4	0.7	1.5	2.9
严重破坏	0.5	0.9	1.9	3.8
毁 坏	0.1	0.1	0.3	0.5

　　将混合的砖混结构房屋震害数据分离为设防的和未设防两类，将不同年份设防房屋与未设防房屋的比值 Q_y 与相应地震烈度下相应破坏等级的比例因子的乘积定义为分离系数 Z_{ij}，其公式见（3.4-1）：

$$Z_{ij} = Q_y \beta_{ij} \qquad (3.4-1)$$

式中，i 为不同的地震烈度等级；j 为房屋震害的破坏等级；y 为年份。那么，设防砖混结构房屋破坏数量 ω_{ij} 为：

$$\omega_{ij} = \frac{\lambda Z_{ij}}{1 + Z_{ij}} \qquad (3.4-2)$$

未设防砖混结构房屋破坏数量 χ_{ij} 为：

$$\chi_{ij} = \frac{\lambda}{1 + Z_{ij}} \qquad (3.4-3)$$

最后，求得设防砖混结构房屋破坏比：

$$W_{ij} = \frac{\omega_{ij}}{\sum\limits_{j=1}^{5} \omega_{ij}}$$
(3.4-4)

未设防砖混结构房屋破坏比：

$$X_{ij} = \frac{\chi_{ij}}{\sum\limits_{j=1}^{5} \chi_{ij}}$$
(3.4-5)

3.5　各类房屋震害程度描述

对收集的 112 次地震的各类房屋震害数据资料进行分类整理，根据式（3.5-1）与式（3.5-2）统计得到不同地震烈度下 5 类房屋在 5 种破坏等级中破坏比的均值及方差为：

$$\mu = \frac{1}{n} \sum_{i=1}^{n} x_i$$
(3.5-1)

$$\sigma^2 = \frac{1}{n} \sum_{i=1}^{n} (x_i - \mu)^2$$
(3.5-2)

式中，μ 为均值；σ 为标准差；x_i 为每条统计数据中处于各个破坏等级的破坏比；n 为不同地震烈度下的统计震害数据的数量。

3.5.1　A1 类房屋破坏比分析及震害程度描述

A1 类房屋的震害数据源自收集的 91 次地震，其中云南 28 次，新疆 16 次，四川 16 次，甘肃 9 次，青海 7 次，内蒙古 5 次，河北、福建、重庆各 2 次，黑龙江、西藏、辽宁、广西各 1 次。共 317 组调查统计数据，其中，Ⅵ度区 151 组、Ⅶ度区 104 组、Ⅷ度区 39 组、Ⅸ度区 14 组、Ⅹ度区 4 组以及Ⅺ度区 5 组。按照每间 20m² 计算，总房屋面积约 2.46 亿平方米。统计得出其不同地震烈度下的破坏比均值及破坏比均值图分别如表 3.5-1 和图 3.5-1 所示。A1 类房屋结构形式多样，比如土木、砖木、砖石、石木等形式。同一种形式房屋，不同地区建造方式也有差异，抗震性能亦存在一定差别，统计结果离散较大。表 3.5-2 给出了 A1 类房屋在不同地震烈度下的破坏比均值加减一个标准差变化区间。

统计的 A1 类房屋震害与 GB/T 17742—2008 中的规定进行了比较，其结果和本次修订建议的 A1 类房屋震害指标如表 3.5-3 所示。

表 3.5 - 1　统计的 A1 类房屋不同地震烈度下各破坏等级的破坏比均值（%）

破坏等级	地震烈度					
	Ⅵ度	Ⅶ度	Ⅷ度	Ⅸ度	Ⅹ度	Ⅺ度
基本完好	58.9	24.2	6.1	4.0	1.0	0
轻微破坏	24.6	25.8	16.6	10.6	1.1	0.5
中等破坏	11.7	27.0	29.3	13.9	5.3	0.9
严重破坏	3.2	16.4	27.4	17.2	7.7	2.3
毁　坏	1.6	6.6	20.6	54.3	84.9	96.3

表 3.5 - 2　统计的 A1 类房屋破坏比变化区间 ($\mu-\sigma$, $\mu+\sigma$)（%）

破坏等级	地震烈度					
	Ⅵ度	Ⅶ度	Ⅷ度	Ⅸ度	Ⅹ度	Ⅺ度
基本完好	37.1~80.6	6.2~44.5	0~12.5	0~13.2	0~2.9	0
轻微破坏	14.8~38.7	14.4~41.3	1.7~31.4	0~24.6	0~3.4	0~1.2
中等破坏	2.7~20.8	14.3~41.6	13.4~45.2	0~28	0~14.9	0~2.1
严重破坏	0~8.7	3.3~29.5	14.0~40.9	3.9~30.6	0~17.2	0~6.2
毁　坏	0~9.1	0~16.1	1.4~48.7	26.8~89.7	62.3~100	90.5~100

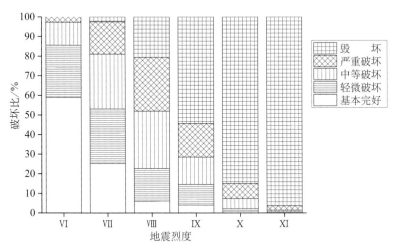

图 3.5 - 1　A1 类房屋破坏比均值

表 3.5 - 3 A1 类房屋震害统计结果与 GB/T 17742—2008 规定的比较以及本次修订的建议

地震烈度		破坏等级					比较结果
		基本完好	轻微破坏	中等破坏	严重破坏	毁坏	
VI度	统计结果	58.9	24.6	11.7	3.2	1.6	相符
	规范规定	少数中等破坏,多数轻微破坏和/或基本完好					
	建议指标	少数轻微破坏和中等破坏,多数基本完好					
VII度	统计结果	24.2	25.8	27.0	16.4	6.6	相符
	规范规定	少数严重破坏和/或毁坏,多数中等和/或轻微破坏					
	建议指标	少数严重破坏和毁坏,多数中等破坏和轻微破坏					
VIII度	统计结果	6.1	16.6	29.3	27.4	20.6	相符
	规范规定	少数毁坏,多数严重和/或中等破坏					
	建议指标	少数毁坏,多数中等破坏和严重破坏					
IX度	统计结果	4.0	10.6	13.9	17.2	54.3	相符
	规范规定	多数严重破坏或/和毁坏					
	建议指标	大多数毁坏和严重破坏					
X度	统计结果	1.0	1.1	5.3	7.7	84.9	相符
	规范规定	绝大多数毁坏					
	建议指标	绝大多数毁坏					
XI度	统计结果		0.5	0.9	2.3	96.3	相符
	规范规定	绝大多数毁坏					
	建议指标	绝大多数毁坏					

注:"规范规定"指的是 GB/T 17742—2008 中规定的房屋震害指标;

　　"建议指标"指的是本次修订建议的房屋震害指标。

3.5.2 A2 类房屋破坏比分析及震害程度描述

A2 类房屋指穿斗木构架房屋。共收集 23 次地震,分布在云南 17 次,青海 2 次,四川 2 次,新疆和甘肃各 1 次。共 52 组调查统计数据,其中,VI 度区 24 组、VII 度区 17 组、VIII 度区 7 组、IX 度区 4 组,总房屋面积约 5285.9 万平方米。统计得出其不同地震烈度下的破坏比均值及破坏比均值图分别如表 3.5 - 4 和图 3.5 - 2 所示。表 3.5 - 5 给出了 A2 类房屋在不同地震烈度下的破坏比均值加减一个标准差的变化区间。

基于统计结果,给出本次修订建议的 A2 类房屋震害指标,如表 3.5 - 6 所示。

表 3.5－4　统计的 A2 类房屋不同地震烈度下各破坏等级的破坏比均值（%）

破坏等级	地震烈度			
	Ⅵ度	Ⅶ度	Ⅷ度	Ⅸ度
基本完好	70.6	41.7	7.7	14.8
轻微破坏	22.6	33.8	33.2	13.7
中等破坏	6.5	19.2	39.7	22.8
严重破坏	0.3	5.0	18.6	36.5
毁　坏	0	0.3	0.8	12.2

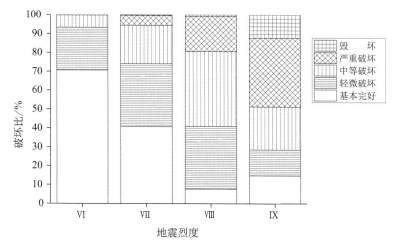

图 3.5－2　A2 类房屋破坏比均值

表 3.5－5　统计的 A2 类房屋破坏比变化区间（$\mu-\sigma$，$\mu+\sigma$）（%）

破坏等级	地震烈度			
	Ⅵ度	Ⅶ度	Ⅷ度	Ⅸ度
基本完好	59.3~82	19.9~61.4	2.2~13.3	0~47.9
轻微破坏	14.3~30.9	22.7~44.1	20.2~46.1	2.1~25.2
中等破坏	1.1~11.8	11.2~29.5	33.3~46.2	9.9~35.7
严重破坏	0~1.4	0~10.7	3.3~33.8	15.3~57.8
毁　坏	0	0~1.4	0~2.0	4.8~19.7

表 3.5－6　A2 类房屋震害统计结果与地震烈度评定的建议指标

烈度		破坏等级				
		基本完好	轻微破坏	中等破坏	严重破坏	毁　　坏
Ⅵ度	统计结果	70.6	22.6	6.5	0.3	0.0
	建议指标	少数轻微破坏和中等破坏，大多数基本完好				
Ⅶ度	统计结果	41.7	33.8	19.2	5.0	0.3
	建议指标	少数中等破坏，多数轻微破坏和基本完好				
Ⅷ度	统计结果	7.7	33.2	39.7	18.6	0.8
	建议指标	少数严重破坏，多数中等破坏和轻微破坏				
Ⅸ度	统计结果	14.8	13.7	22.8	36.5	12.2
	建议指标	少数毁坏，多数严重破坏和中等破坏				

注："建议指标"提的是本次修订建议的房屋震害指标。

3.5.3　B 类房屋破坏比分析及震害程度描述

B 类房屋的震害数据源自收集的 61 次地震，这些地震绝大部分分布在西南地区，其中，云南占 32 次地震，四川和新疆各占 9 次地震，甘肃和青海各站 4 次地震，广西、西藏、重庆各占 1 次地震。共 154 组调查统计数据，其中，Ⅵ度区 70 组、Ⅶ度区 42 组、Ⅷ度区 27 组、Ⅸ度区 11 组、Ⅹ度区 2 组以及Ⅺ度区 2 组。统计得出其不同地震烈度下的破坏比均值及破坏比均值图分别如表 3.5－7 和图 3.5－3 所示。表 3.5－8 给出了 B 类房屋在不同地震烈度下的破坏比均值加减一个标准差的变化区间。

表 3.5－7　统计的 B 类房屋不同地震烈度下各破坏等级的破坏比均值（%）

破坏等级	地震烈度					
	Ⅵ度	Ⅶ度	Ⅷ度	Ⅸ度	Ⅹ度	Ⅺ度
基本完好	70.5	43.4	16.4	8.6	0.3	0.3
轻微破坏	24.0	31.3	28.9	10.9	2.5	2.1
中等破坏	4.7	16.9	29.3	24.8	3.3	5.9
严重破坏	0.8	7.4	15.5	36.9	15	13.7
毁　　坏	0	1.0	9.9	18.8	78.9	78.0

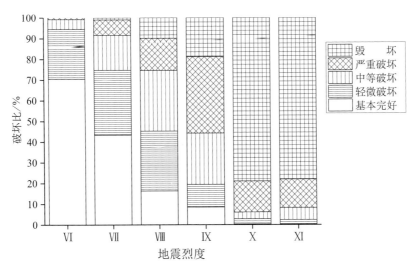

图 3.5 - 3　B 类房屋破坏比均值图

表 3.5 - 8　统计的 B 类房屋破坏比变化区间（$\mu-\sigma$, $\mu+\sigma$）（%）

破坏等级	地震烈度					
	Ⅵ度	Ⅶ度	Ⅷ度	Ⅸ度	Ⅹ度	Ⅺ度
基本完好	54~87.1	22.6~64.3	3.9~28.8	0~21.6	0~0.7	0.2~0.3
轻微破坏	10.4~37.6	18.4~44.3	13.4~44.5	3.4~18.5	0~6	1.3~2.9
中等破坏	0~10.1	7.7~26.2	13.9~44.8	17.2~32.3	0~7.8	4.2~7.6
严重破坏	0~2.5	0~16.6	7.8~23.2	18.6~55.2	7.9~22	10.9~16.5
毁　坏	0~0.1	0~3.6	0~27.1	4.1~33.4	63.4~94.6	72.8~83.3

　　统计得到的 B 类房屋震害与 GB/T 17742—2008 中的规定进行了比较，其结果和本次修订建议的 B 类房屋震害指标如表 3.5 - 9 所示。

　　通过对比可以看出，GB/T 17742—2008 对 B 类房屋的地震烈度评判准则是适当的，统计结果与 GB/T 17742—2008 规定的指标相关性很好，仅Ⅺ度毁坏结果均值为 78.0%，略低于 GB/T 17742—2008 规定的绝大多数在 80% 以上，考虑到此地震烈度下数据有限，仅有 2 组数据，所以不建议将规范值调低，仍保持 80% 以上的规定。Ⅹ度严重破坏结果的均值为 15%，属于少数严重破坏，因此Ⅹ度区的建议指标为大多数毁坏，少数严重破坏。

表 3.5－9　B 类房屋震害统计结果与 GB/T 17742—2008 规定的比较以及本次修订的建议

地震烈度		破坏等级					与规范规定比较
		基本完好	轻微破坏	中等破坏	严重破坏	毁坏	
Ⅵ度	统计结果	70.5	24.0	4.7	0.8	0.0	相符
	规范规定	个别中等破坏，少数轻微破坏，多数基本完好					
	建议指标	少数轻微破坏和中等破坏，大多数基本完好					
Ⅶ度	统计结果	43.4	31.3	16.9	7.4	1.0	相符
	规范规定	少数中等破坏，多数轻微破坏和/或基本完好					
	建议指标	少数中等破坏，多数轻微破坏和基本完好					
Ⅷ度	统计结果	16.4	28.9	29.3	15.5	9.9	相符
	规范规定	个别毁坏，少数严重破坏，多数中等和/或轻微破坏					
	建议指标	少数严重破坏和毁坏，多数中等和轻微破坏					
Ⅸ度	统计结果	8.6	10.9	24.8	36.9	18.8	相符
	规范规定	少数毁坏，多数严重和/或中等破坏					
	建议指标	少数毁坏，多数严重破坏和中等破坏					
Ⅹ度	统计结果	0.3	2.5	3.3	15.0	78.9	相符
	规范规定	大多数毁坏					
	建议指标	大多数毁坏					
Ⅺ度	统计结果	0.3	2.1	5.9	13.7	78.0	相符
	规范规定	绝大多数毁坏					
	建议指标	绝大多数毁坏					

注："规范规定"指的是 GB/T 17742—2008 中规定的房屋震害指标；
"建议指标"指的是本次修订建议的房屋震害指标。

3.5.4　C 类房屋破坏比分析及震害程度描述

　　C 类房屋的震害数据来源与 B 类房屋Ⅵ~Ⅸ度区的震害数据来源一致。统计得出其不同地震烈度下的破坏比均值及破坏比均值图分别如表 3.5－10 和图 3.5－4 所示。表 3.5－11 给出了 C 类房屋在不同地震烈度下的破坏比均值加减一个标准差的变化区间。

表 3.5-10　统计的 C 类房屋不同地震烈度下各破坏等级的破坏比均值 (%)

破坏等级	地震烈度			
	Ⅵ度	Ⅶ度	Ⅷ度	Ⅸ度
基本完好	80.6	54.0	21.4	20.7
轻微破坏	16.7	30.8	33.5	12.7
中等破坏	2.2	10.1	24.6	22.4
严重破坏	0.5	5.0	17.4	40.5
毁　　坏	0	0.1	3.1	3.7

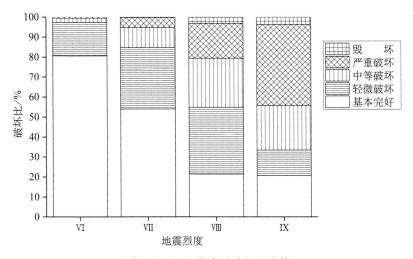

图 3.5-4　C 类房屋破坏比均值

表 3.5-11　统计的 C 类房屋破坏比变化区间 ($\mu-\sigma$, $\mu+\sigma$) (%)

破坏等级	地震烈度			
	Ⅵ度	Ⅶ度	Ⅷ度	Ⅸ度
基本完好	67.8~93.5	32.7~75.3	7.6~35.2	0~43.1
轻微破坏	5.6~27.9	16.4~45.0	17.4~49.5	4.8~20.6
中等破坏	0~5.0	3~17.3	11.1~38.2	7.1~37.7
严重破坏	0~1.6	0~11.2	2.2~32.6	17.4~63.7
毁　　坏	0~0	0~0.4	0~10.2	0~8.3

统计得到的 C 类房屋震害与 GB/T 17742—2008 中的规定进行了比较，其结果和本次修订建议的 C 类房屋震害指标如表 3.5-12 所示。

从表 3.5-12 中的对比结果可以看到，Ⅵ度区的统计结果 16.7% 的轻微破坏与 GB/T 17742—2008 规定的个别轻微破坏（10% 以下）不相符。考虑到本研究定义 1978 年以后城市新建住房均为设防房屋可能存在偏差，因实际现场调查经验也表明，1978 年以后某些中小城市严格实施抗震规范要求也是一个逐步的过程，20 世纪 80 年代甚至 90 年代，亦存在部分房屋并未严格按抗震规范设计、施工。因此认为实际统计数据混杂少部分未经抗震设计的房屋，导致统计结果偏重。统计结果 80.6% 的基本完好与大多数基本完好（60%～90%）相符，但同时也与绝大多数基本完好（80% 以上）相符，与此同时设防的房屋越来越多，震害就会较轻。为此，建议Ⅵ度评判指标为少数轻微破坏，大多数基本完好。

表 3.5－12　C 类房屋震害统计结果与 GB/T 17742—2008 规定的比较以及本次修订的建议

地震烈度		破坏等级					与规范规定比较
		基本完好	轻微破坏	中等破坏	严重破坏	毁　坏	
Ⅵ度	统计结果	80.6	16.7	2.2	0.5	0.0	不符
	规范规定	个别轻微破坏，大多数基本完好					
	建议指标	少数或个别轻微破坏，绝大多数基本完好					
Ⅶ度	统计结果	54.0	30.8	10.1	5.0	0.1	不符
	规范规定	少数中等和/或轻微破坏，多数基本完好					
	建议指标	少数轻微破坏和中等破坏，多数基本完好					
Ⅷ度	统计结果	21.4	33.5	24.6	17.4	3.1	不符
	规范规定	少数严重和/或中等破坏，多数轻微破坏					
	建议指标	少数中等破坏和严重破坏，多数轻微破坏和基本完好					
Ⅸ度	统计结果	20.7	12.7	22.4	40.5	3.7	不符
	规范规定	少数毁坏和/或严重破坏，多数中等和/或轻微破坏					
	建议指标	多数严重破坏和中等破坏，少数轻微破坏					

　　注："规范规定"指的是 GB/T 17742—2008 中规定的房屋震害指标；
　　　"建议指标"指的是本次修订建议的房屋震害指标。

　　Ⅷ度区的统计结果 33.5% 的轻微破坏与 GB/T 17742—2008 规定的多数轻微破坏（40%～70%）不相符，建议Ⅷ度区的评判指标为少数中等破坏和严重破坏（24.6%＋17.4%＝42%），多数轻微破坏和基本完好（33.5%＋21.4%＝54.9%）。
　　Ⅸ度区的统计结果 3.7% 的毁坏、40.5% 的严重破坏，二者和为 44.2% 与 GB/T 17742—2008 规定的少数毁坏和/或严重破坏（10%～40%）不相符；22.4% 的中等破坏、12.7% 的轻微破坏，二者和为 35.1% 与 GB/T 17742—2008 规定的多数中等和/或轻微破坏（40%～70%）不相符。因此建议Ⅸ度区的评判指标为多数严重破坏和中等破坏（40.5%＋22.4%＝62.9%），少数轻微破坏和基本完好（12.7%＋20.7%＝33.4%）。

3.5.5　D类房屋破坏比分析及震害程度描述

　　D类房屋定义为经抗震设计的钢筋混凝土框架房屋，共收集37次地震，分布在云南29次，四川5次，新疆1次，重庆2次。共75组调查统计数据，其中，Ⅵ度区43组、Ⅶ度区19组、Ⅷ度区9组、Ⅸ度区4组。按照每幢5000m²计算，总共有房屋面积约1751.8万平方米的D类房屋震害资料。统计得出其不同地震烈度下的破坏比均值及破坏比均值图分别如表3.5－13和图3.5－5所示。表3.5－14给出了D类房屋在不同地震烈度下的破坏比均值加减一个标准差的变化区间。

表 3.5－13　统计的D类房屋不同地震烈度下各破坏等级的破坏比均值 （%）

破坏等级	地震烈度			
	Ⅵ度	Ⅶ度	Ⅷ度	Ⅸ度
基本完好	81.8	65.6	37.9	19.7
轻微破坏	16.8	26.6	44.5	32.0
中等破坏	1.4	6.8	13.6	28.3
严重破坏	0	1.0	3.9	16.2
毁　　坏	0	0	0.1	3.8

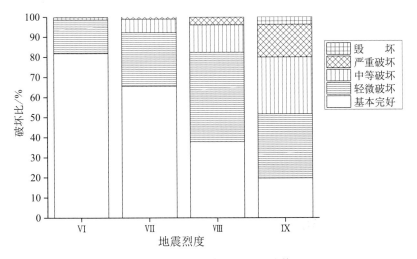

图 3.5－5　D类房屋破坏比均值

表 3.5 - 14　统计的 D 类房屋破坏比变化区间 ($\mu-\sigma$, $\mu+\sigma$)（%）

破坏等级	地震烈度			
	Ⅵ度	Ⅶ度	Ⅷ度	Ⅸ度
基本完好	69.9~93.8	53.7~77.5	20.7~55.2	12.8~26.5
轻微破坏	5.9~27.8	15.7~37.5	21.6~67.4	20.9~43.1
中等破坏	0~3.9	1.2~12.4	5.6~21.6	22.1~34.4
严重破坏	0	0~2.9	0~8.4	9.7~22.7
毁　坏	0	0	0~0.4	0.2~7.6

　　基于 D 类震害统计结果，参照其他类型结构的地震烈度评判指标，本次修订建议依据钢筋混凝土框架结构的震害评判地震烈度时的量化指标如表 3.5 - 15 所示。

表 3.5 - 15　D 类房屋震害统计结果与地震烈度评定的建议指标

地震烈度		破坏等级				
		基本完好	轻微破坏	中等破坏	严重破坏	毁　坏
Ⅵ度	统计结果	81.8	16.8	1.4	0.0	0.0
	建议指标	少数或个别轻微破坏，绝大多数基本完好				
Ⅶ度	统计结果	65.6	26.6	6.8	1.0	0.0
	建议指标	少数轻微破坏和中等破坏，大多数基本完好				
Ⅷ度	统计结果	37.9	44.5	13.6	3.9	0.1
	建议指标	少数中等破坏，多数轻微破坏和基本完好				
Ⅸ度	统计结果	19.7	32.0	28.3	16.2	3.8
	建议指标	少数严重破坏，多数中等破坏和轻微破坏				

　　注："建议指标"指的是本次修订的房屋震害指标。

3.6　各类房屋的平均震害指数

　　历史地震的震害资料表明，采用房屋的平均震害指数作为地震烈度的数量指标之一是可行的方法。震害指数是在 1970 年通海地震之后，地震专家在对这次地震造成的房屋震害作详细调查时，当时中国科学院工程力学研究所（现在的中国地震局工程力学研究所）提出了一个以房屋平均震害指数为指标的地震烈度评定尺度。按这个尺度在之后的地震震害调查中获得了不同地震烈度下平均震害指数的大量数据。本次修订过程中收集了这些震害指数数据，并将其按照 3.2 节中的规定的房屋类型分成 5 组，分别进行统计分析，得出不同类型房屋在不同地震烈度下的震害指数范围。

3.6.1　平均震害指数的定义

　　房屋震害指数是我国特有的评定地震烈度的定量参数。1970 年通海地震的现场调查中，胡聿贤教授在调查现场提出用整体平均来比较不同房屋之间的破坏程度的方法，从此开启了我国地震烈度调查中采用房屋震害指数来衡量不同房屋类型的破坏程度。其定义是房屋震害程度的定量指标，以 0.00 到 1.00 之间的数字表示由轻到重的震害程度。它是以数字的形式来表示一个房屋的破坏程度，以"1.00"表示全部倒塌，以"0.00"表示全部完好，中间可以划分为若干破坏等级。之后，地震工作者基本都采用震害指数的方法进行地震现场调查，至今已经积累了大量的房屋震害资料，也取得了许多丰硕的成果，如 1996~2010 年的中国大陆地震灾害损失评估汇编，1966~2015 年的中国震例等。

　　表 3.6 - 1 中总结了《中国 1980》、GB/T 17742—1999 和 GB/T 17742—2008 中给出的震害指数与房屋破坏等级的对应关系，《中国 1980》和 GB/T 17742—1999 中破坏等级对应的震害指数范围是一致的，该结果大体上是通海地震全烈度区的研究成果，同时也参考了1973 年炉霍地震、1975 年海城地震、1976 年林格尔地震和唐山地震中抽查地震烈度区的震害指数。2000 年以来，我国的房屋结构发生很大变化，经过抗震设计的钢筋混凝土的框架结构、剪力墙结构等中高层房屋大批量建造，其抗震性能明显增强。地震工作者为了解决房屋类型发生的变化给采用地震烈度表评定地震烈度带来的矛盾，GB/T 17742—2008 中的房屋类型在 GB/T 17742—1999 中的房屋类型的基础上增加了两类，并且给出了不同类型房屋对应的平均震害指数，见表 3.6 - 2。GB/T 17742—2008 中相邻地震烈度的平均震害指数相互略有搭接，并规定了当计算的平均震害指数位于地震烈度对应的平均震害指数重叠区间时，可参考其他的判别指标和震害现象来综合判定地震烈度。

　　我国地震烈度表中明确给出了平均震害指数的定义和计算关系式见式（3.6 - 1）。简单来讲，平均震害指数是一个房屋群或一定地区范围内所有房屋的震害指数的加权平均值。

$$D = \sum_{i=1}^{5} d_i \lambda_i \qquad (3.6 - 1)$$

式中，d_i 为同类房屋不同破坏等级下的震害指数；i 为 1 到 5，1 为基本完好、2 为轻微破坏、3 为中等破坏、4 为严重破坏和 5 为毁坏；λ_i 为同类房屋不同破坏等级下的房屋破坏比，采用破坏房屋的面积或栋数占房屋的总面积或总栋数的百分比来表示。

表 3.6 - 1　震害指数与房屋破坏等级的对应关系

震害指数	1970 年通海地震	震害指数	《中国 1980》	GB/T 17742—1999	震害指数	GB/T 17742—2008
0.00	基本无损或完 好	0.00~0.10	损 坏	损 坏	[0, 0.1) 0.00	基本完好
0.13	轻微裂缝	0.11~0.30	轻度破坏	轻度破坏	[0.1, 0.3) 0.20	轻微破坏
0.27	严重裂缝					
0.40	局部墙倒	0.31~0.50	中等破坏	中等破坏	[0.3, 0.55) 0.40	中等破坏
0.60	墙倒架正	0.51~0.70	严重破坏	严重破坏	[0.55, 0.85) 0.70	严重破坏
0.80	墙倒架歪	0.71~0.90	大部倒塌	大多数倒塌	[0.85, 1.0) 1.00	毁 坏
1.00	倒 平	0.91~1.0	倒 毁	普遍倒塌		

注：《中国 1980》与 GB/T 17742—1999 破坏等级对应的震害指数相同。

表 3.6 - 2　地震烈度与平均震害指数的对应值和范围

地震烈度	1970 年通海地震	《中国 1980》、GB/T 17742—1999	GB/T 17742—2008	
			A/B	C
Ⅵ度	0.08	0.00~0.10	0.00~0.11	0.00~0.08
Ⅶ度	0.21	0.11~0.30	0.09~0.31	0.07~0.22
Ⅷ度	0.39	0.31~0.50	0.29~0.51	0.20~0.40
Ⅸ度	0.57	0.51~0.70	0.49~0.71	0.38~0.60
Ⅹ度	0.76	0.71~0.90	0.69~0.91	0.58~0.80
Ⅺ度	—	0.91~1.00	0.89~1.00	0.78~1.00

　　当同一地震区存在不同类型的房屋时，可能会出现用各房屋类型评定出的地震烈度水平不一致或差别较大的情况。为了避免这种情况，需要采用一种综合的评定方法，即综合震害指数法。具体方法就是选取地震区最为普遍存在的一种房屋类型作为基准，并对该地区不同类型房屋的平均震害指数进行分析，找出它们之间的对应关系，然后将其他类型房屋的平均震害指数换算成基准类型房屋的平均震害指数，最后按式（3.6 - 2）求得该地震区的综合震害指数。

　　某一地震区的综合震害指数 D_z 为：

$$D_z = \sum_{j=1}^{n} \overline{D}_j \frac{N_j}{N}　　　　　　　(3.6 - 2)$$

$$N = \sum_{j=1}^{n} N_j \qquad (3.6-3)$$

式中，$\bar{D}_j$ 为从第 j 类房屋换算到基准房屋的换算平均震害指数；N_j 为该地震区 j 类房屋的数量；N 为该地震区房屋的总数量；n 为该地震区房屋类型的数量。

3.6.2　各类房屋平均震害指数统计分析

采用式（3.6-1）对本次修订过程收集到的 112 次地震中各类型房屋在不同地震烈度下的破坏比进行计算，得到每一条数据的平均震害指数，再求出不同地震烈度下不同类型房屋的平均震害指数的平均值（表 3.6-3）及标准差（表 3.6-4），并计算出平均震害指数的变化范围（$\mu-\sigma$，$\mu+\sigma$），并与 GB/T 17742—2008 中规定值进行比较分析。

表 3.6-3　各类房屋平均震害指数均值

	Ⅵ度	Ⅶ度	Ⅷ度	Ⅸ度	Ⅹ度	Ⅺ度
A1	0.13	0.33	0.57	0.76	0.93	0.98
A2	0.07	0.18	0.36	0.60	—	—
B	0.07	0.19	0.38	0.61	0.91	0.90
C	0.05	0.14	0.32	0.44	—	—
D	0.04	0.09	0.17	0.33	—	—

表 3.6-4　各类房屋平均震害指数标准差

	Ⅵ度	Ⅶ度	Ⅷ度	Ⅸ度	Ⅹ度	Ⅺ度
A1	0.11	0.16	0.18	0.18	0.12	0.03
A2	0.03	0.09	0.09	0.06	—	—
B	0.05	0.1	0.16	0.08	0.08	0.03
C	0.03	0.08	0.14	0.17	—	—
D	0.03	0.04	0.04	0.07	—	—

1. A1 类房屋

表 3.6-5 为 A1 类房屋此次统计得到的平均震害指数与 GB/T 17742—2008 中的规定值的比较分析，从表中可看出，除Ⅺ度区外，Ⅵ到Ⅹ度内 A 类房屋的平均震害指数均超出了 GB/T 17742—2008 中规定的相应范围，各地震烈度内的标准差较大，这可能与 A1 类房屋中包括多种不同形式的旧式房屋有关。

表 3.6 – 5　A1 类房屋平均震害指数比较分析

	A1	$(\mu-\sigma,\ \mu+\sigma)$	GB/T 17742—2008	结果
Ⅵ度	0.13	0.02~0.24	0.00~0.11	不符
Ⅶ度	0.33	0.17~0.49	0.09~0.31	不符
Ⅷ度	0.57	0.39~0.75	0.29~0.51	不符
Ⅸ度	0.76	0.58~0.94	0.49~0.71	不符
Ⅹ度	0.93	0.81~1	0.69~0.91	不符
Ⅺ度	0.98	0.95~1	0.89~1.00	相符

2. A2 类房屋

A2 类房屋是地震烈度评定的新增房屋类型，在 GB/T 17742—2008 中没有相应的房屋震害指标。表 3.6 – 6 是 A2 类房屋震害指数。

表 3.6 – 6　A2 类房屋震害指数

	A2	$(\mu-\sigma,\ \mu+\sigma)$
Ⅵ度	0.07	0.04~0.1
Ⅶ度	0.18	0.09~0.27
Ⅷ度	0.36	0.27~0.45
Ⅸ度	0.6	0.54~0.66

3. B 类房屋

表 3.6 – 7 为 B 类房屋此次统计得到的平均震害指数与 GB/T 17742—2008 中的规定值的比较分析，从表中可看出，Ⅵ到Ⅺ度内 B 类房屋的平均震害指数均在 GB/T 17742—2008 中规定的相应范围内。

表 3.6 – 7　B 类房屋震害指数比较分析

	B	$(\mu-\sigma,\ \mu+\sigma)$	GB/T 17742—2008	结果
Ⅵ度	0.07	0.02~0.12	0.00~0.11	相符
Ⅶ度	0.19	0.09~0.29	0.09~0.31	相符
Ⅷ度	0.38	0.22~0.54	0.29~0.51	相符
Ⅸ度	0.63	0.53~0.69	0.49~0.71	相符
Ⅹ度	0.86	0.83~0.99	0.69~0.91	相符
Ⅺ度	0.9	0.87~0.93	0.89~1.00	相符

4. C 类房屋

表 3.6-8 为 C 类房屋此次统计得到的平均震害指数与 GB/T 17742—2008 中的规定值的比较分析，从表中可看出，Ⅵ到Ⅸ度内 C 类房屋的平均震害指数均在 GB/T 17742—2008 中规定的相应范围。

表 3.6-8　C 类房屋震害指数比较分析

	C	$(\mu-\sigma,\ \mu+\sigma)$	GB/T 17742—2008	结果
Ⅵ度	0.05	0.02~0.08	0.00~0.08	相符
Ⅶ度	0.14	0.06~0.22	0.07~0.22	相符
Ⅷ度	0.32	0.18~0.46	0.20~0.40	相符
Ⅸ度	0.44	0.27~0.61	0.38~0.60	相符

5. D 类房屋

D 类房屋也是地震烈度评定的新增房屋类型，在 GB/T 17742—2008 中没有相应的房屋震害指标。表 3.6-9 是 D 类房屋震害指数。

表 3.6-9　D 类房屋震害指数

	D	$(\mu-\sigma,\ \mu+\sigma)$
Ⅵ度	0.04	0.01~0.07
Ⅶ度	0.09	0.05~0.13
Ⅷ度	0.17	0.13~0.21
Ⅸ度	0.33	0.26~0.4

3.7　各类房屋震害的地震烈度评定指标

最后，根据以上研究内容，同时考虑规范的连贯性，经过专家们的反复深入讨论，最终形成了 GB/T 17742—2020《中国地震烈度表》表 1 中的依据各类房屋震害的地震烈度评定指标，见表 3.7-1。

表 3.7 - 1　GB/T 17742—2020 中各类房屋震害的地震烈度评定指标

地震烈度	房屋震害		
	类型	震害程度	平均震害指数
Ⅵ（6）	A1	少数轻微破坏和中等破坏，多数基本完好	0.02～0.17
	A2	少数轻微破坏和中等破坏，大多数基本完好	0.01～0.13
	B	少数轻微破坏和中等破坏，大多数基本完好	0.00～0.11
	C	少数或个别轻微破坏，绝大多数基本完好	0.00～0.06
	D	少数或个别轻微破坏，绝大多数基本完好	0.00～0.04
Ⅶ（7）	A1	少数严重破坏和毁坏，多数中等破坏和轻微破坏	0.15～0.44
	A2	少数中等破坏，多数轻微破坏和基本完好	0.11～0.31
	B	少数中等破坏，多数轻微破坏和基本完好	0.09～0.27
	C	少数轻微破坏和中等破坏，多数基本完好	0.05～0.18
	D	少数轻微破坏和中等破坏，大多数基本完好	0.04～0.16
Ⅷ（8）	A1	少数毁坏，多数中等破坏和严重破坏	0.42～0.62
	A2	少数严重破坏，多数中等破坏和轻微破坏	0.29～0.46
	B	少数严重破坏和毁坏，多数中等和轻微破坏	0.25～0.50
	C	少数中等破坏和严重破坏，多数轻微破坏和基本完好	0.16～0.35
	D	少数中等破坏，多数轻微破坏和基本完好	0.14～0.27
Ⅸ（9）	A1	大多数毁坏和严重破坏	0.60～0.90
	A2	少数毁坏，多数严重破坏和中等破坏	0.44～0.62
	B	少数毁坏，多数严重破坏和中等破坏	0.48～0.69
	C	多数严重破坏和中等破坏，少数轻微破坏	0.33～0.54
	D	少数严重破坏，多数中等破坏和轻微破坏	0.25～0.48
Ⅹ（10）	A1	绝大多数毁坏	0.88～1.00
	A2	大多数毁坏	0.60～0.88
	B	大多数毁坏	0.67～0.91
	C	大多数严重破坏和毁坏	0.52～0.84
	D	大多数严重破坏和毁坏	0.46～0.84
Ⅺ（11）	A1	绝大多数毁坏	1.00
	A2	绝大多数毁坏	0.86～1.00
	B	绝大多数毁坏	0.90～1.00
	C	绝大多数毁坏	0.84～1.00
	D	绝大多数毁坏	0.84～1.00

第4章 依据人的感觉和器物反应的地震烈度评定指标

人的感觉和器物反应都是评定一次地震时地震烈度的宏观标志,长期的实践发现,在 Ⅰ~Ⅴ度的低烈度区,一般无房屋建筑破坏或破坏现象不明显,无法用房屋建筑的破坏程度来评定地震烈度,但人的感觉和器物反应是有差别的,这时它们就成为评定地震烈度的主要指标。在高烈度区,房屋建筑破坏明显,主要用房屋建筑的破坏程度来评定地震烈度,但是地震烈度表中用于评定地震烈度的房屋建筑结构类型有限,比如一些新兴城市中高层建筑及钢筋混凝土多层房屋所占比重非常大,一旦发生地震,将无法用现有地震烈度表中的房屋建筑类型准确地评定地震烈度,这时,人的感觉和器物反应就可作为辅助的参考指标。因此,人的感觉和器物反应是地震烈度评定的重要内容,是地震烈度表的重要组成部分。

随着我国经济的发展,综合国力的提高,多层和高层建筑如雨后春笋般在我国城镇大量兴建,电脑、冰箱、彩电、饮水机、空调等器物进入家庭和办公场所。近年来的地震实践表明,高低层人的感觉差异非常大,电脑、饮水机等器物反应也非常有代表性。为了适应时代的发展,在地震烈度表修订的研究中,需要考虑这些新的现象。因此,本次修订过程中开展了依据大量新的震害经验和国内外地震烈度评定标准对比研究,探讨人的感觉、器物反应与地震烈度关系,加入新的现象,修订了依据这两个指标的地震烈度评定标准。

4.1 国内外烈度表中人的感觉和器物反应评定指标对比分析

通过对比《新的中国地震烈度表》(以下简称《中国1957》)、《中国地震烈度表》(1980)(以下简称《中国1980》)、GB/T 17742—1999《中国地震烈度表》、美国"修正麦加利地震烈度表"(以下简称《美国 M. M》)、《欧洲地震烈度表》EMS(1998)(以下简称《欧洲 EMS-98》)和日本气象厅地震烈度表(以下简称《日本 JMA》)共六个地震烈度表中关于人的感觉和器物反应评定指标(以下简称人的感觉和器物反应),总结出不同地震烈度表中人的感觉和器物反应评定指标的异同点,明确我国地震烈度表的修改方向。各地震烈度表人的感觉和器物反应对比情况见表 4.1-1 和表 4.1-2。表中数量用语规定如下,《中国1980》和 GB/T 17742—1999 中"个别"为 10% 以下、"少数"为 10%~50%、"多数"为 50%~70%、"大多数"为 70%~90%、"普遍"为 90% 以上;《欧洲 EMS-98》见图 4.1-1。《日本 JMA》中地震烈度分为 10 个等级,为了方便比较,两个对比表中日本人的感觉和器物反应是通过表 4.1-3 和 4.1-4 将其换算成 12 个等级后的内容。

表 4.1－1　国内外地震烈度表人的感觉评定指标对比

地震烈度	《中国 1957》	《中国 1980》	GB/T 17742—1999	《美国 M.M》	《欧洲 EMS-98》	《日本 JMA》
I度	无感觉	无感	无感	无感	无感，即使在非常安静的环境下也是如此	无感觉
II度	个别非常敏感的、且在完全静止中的人感觉到	室内个别静止中的人有感觉	室内个别静止中人有感觉	在楼宇上层或合适位置、且在静止中的人有感	仅有极少数（少于 1%）在户内特别敏感的人感到震颤	
III度	室内少数在完全静止中的人感觉到振动，如同载重车辆很快地从旁驰过	室内少数静止中的人有感觉	室内少数静止中人有感觉	室内有感	户内少数人感觉到，处于静止的人感到摇摆或轻微震颤	建筑物内少数人感觉
IV度	室内大多数人有感觉，室外少数，少数人从梦中惊醒	室内多数人有感觉，室外少数人有感觉，少数人惊醒	室内多数人、室外少数人有感觉，少数人梦中惊醒	—	在户内的多数人感觉到，户外少数人感觉。少数人睡中惊醒。中等强度的振动并不令人恐惧。观察者感觉到建筑物、房间、床、椅子等有轻微晃动或摇晃	建筑物内许多人有感觉；一些人在梦中惊醒
V度	室内差不多所有人和室外大多数人有感觉，大多数人从梦中惊醒	室内普遍感觉，室外多数人有感觉，多数人惊醒	室内普遍、室外多数人有感觉，多数人梦中惊醒	户外有感，睡觉者震醒	室内绝大多数和室外少数人感觉到地震。少数人惊慌失措，仓皇出逃。观察者能感到整个建筑，房间感到摆动或晃来回摆动	建筑物内大多数人有感觉；一些人感到恐惧

续表

地震烈度	《中国 1957》	《中国 1980》	GB/T 17742—1999	《美国 M. M》	《欧洲 EMS-98》	《日本 JMA》
VI度	很多人从室内逃出，行动不稳	惊慌失措，仓皇逃出	多数人站立不稳，少数人惊逃户外	人人有感，多数人会惊慌跑出户外	室内绝大多数人和室外多数人有感。少数人失措，人惊慌失措，仓皇逃出	大多数人感到恐慌；一些人想要逃离；大多数人从梦中惊醒；一些开车或徒步行走的人感到震颤
VII度	人从室内仓皇逃出。驾驶汽车的人也有感觉	大多数人仓皇逃出	大多数人惊逃户外，骑自行车的人有感觉，行驶中的汽车驾乘人员有感觉	站立有困难	绝大多数人惊慌，试图逃出。多数人尤其是位于上面几层楼的人难以站稳	大多数人想逃离；一些人感到移动困难
VIII度	人很难站得住	摇晃颠簸，行走困难	多数人摇晃颠簸，行走困难	—	多数人难以站稳，甚至在户外也是如此	许多人感到非常恐惧和移动困难；由于行驶车困难，许多汽车会停车
IX度	—	坐立不稳，行动的人可能摔倒	行动的人摔倒	大多数人恐慌	普遍感到恐慌。人们猛地被摔倒在地	人站立不稳
X度	—	骑自行车的人会摔倒，处不稳状态的人会摔出几尺远，有抛起感	骑自行车的人会摔倒，处不稳状态的人会摔离原地，有抛起感	—	—	人站不稳或者只能靠爬行来移动
XI度	—	—	—	—	—	人被震动摇晃起且不能随意的移动
XII度	—	—	—	—	—	

表 4.1-2　国内外地震烈度表器物反应评定指标对比

地震烈度	《中国1957》	《中国1980》	GB/T 17742—1999	《美国 M.M》	《欧洲 EMS-98》	《日本 JMA》
Ⅰ度	—	—	—	—	无影响	—
Ⅱ度	—	—	—	—	无影响	—
Ⅲ度	细心的观察者注意到悬挂物轻微摇动	悬挂物微动	悬挂物微动	吊物摆动或轻微震动	悬挂物体稍有摆动	—
Ⅳ度	悬挂物摇动。器皿中的液体轻微震荡。紧靠在一起的不稳定的器皿作响	悬挂物明显摆动，器皿作响	悬挂物明显摆动，器皿作响	振动，碗碟响动	瓷器、玻璃器皿、窗户和房门作响。悬挂物摆动。少数情况下轻质家具明显摆动。少数情况下木制品吱吱作响	屋内悬挂的物体如灯轻微的摇晃
Ⅴ度	悬挂物明显地摇摆。挂钟停摆。少量液体从装满的器皿中溢出。架上放置不稳的器物翻倒或落下	不稳定的器物翻倒	不稳定器物摇动或翻倒	小物体坠落，镜框移动	悬挂的物体晃动很大，瓷器和玻璃器皿相碰撞发出声响。小的、顶部沉重或放置不稳的物体可能发生移位或翻倒。门窗摇动或开或关。有时窗玻璃破碎。液体晃动并从盛满的容器中溢出	厨柜内的盘子间歇性的震动
Ⅵ度	器皿中的液体剧烈地动荡，有时溅出。架上的书籍和器皿等有时翻倒和坠落。轻便的家具可移动	—	—	家具移位，架上东西坠落	稳定性一般的小器物可能倒地，家具可能移位。少数情形下玻璃器皿可能破碎	悬挂的物体轻微晃动，橱柜的杯子可能会翻倒

续表

地震烈度	《中国 1957》	《中国 1980》	GB/T 17742—1999	《美国 M. M》	《欧洲 EMS-98》	《日本 JMA》
Ⅶ度	悬挂物强烈摇摆,有时损坏或坠落。轻的家具移动,器皿和用具坠落,书籍、器皿和用具坠落	—	—	教堂鸣钟	家具被移位,顶部沉重的家具可能会翻倒。大量物品从架上掉落。水从容器、罐和池子里溅出	大部分不稳定的装饰物会震落,悬挂物体剧烈地摇晃,间歇会有书从书架上落下,家具移动
Ⅷ度	家具移动,并有一部分翻倒	—	—	—	家具可能翻倒。电视机,打字机等物品掉落地上	大部分橱柜内的杯子翻倒,大部分书从书架上滑落,偶尔会有电视机从支架上落下,一些沉重的家具可能会翻倒;一些安装得不牢固的自动售货机会翻倒
Ⅸ度	家具翻倒并损坏	—	—	—	—	许多沉重或没有固定的家具会翻倒
Ⅹ度	家具和室内用品大量损坏	—	—	—	—	大部分沉重或固定的家具会翻倒
Ⅺ度	埋没许多财物	—	—	—	—	大部分家具移动出很大的距离,其中
Ⅻ度	—	—	—	—	—	一些家具甚至跳动起来

表 4.1-3　中国和日本地震烈度对应关系

中国地震烈度表	I	II	III	IV	V	VI	VII	VIII	IX	X	XI	XII
旧日本地震烈度表		I		II	III	IV		V		VI		VII
新日本地震烈度表		I		II	III	IV	V弱	V强	VI弱	VI强		

表 4.1-4　中国和日本地震烈度大致对应关系

中国地震烈度表	1	2	3	4	5	6	7	8	9	10	11	12
日本地震烈度表	0	1	2	2.5	3	4	5弱	5强	6弱	6强	7	7

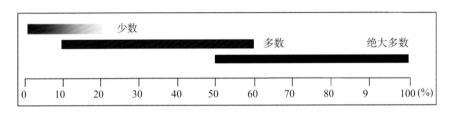

图 4.1-1　《欧洲 EMS-98》数量用语定义

4.1.1　国内外地震烈度表中人的感觉评定指标对比

从表 4.1-1 可以看出，国内外地震烈度表中关于人的感觉的异同点如下：

（1）国内外六个地震烈度表中关于人的典型感觉差别不大。例如：中国、美国和欧洲地震烈度表中对人的感觉界定的基本原则是大体一致的，只是在用于修饰主语的一些数量用语和定语上有些不同。如在Ⅵ度时，GB/T 17742—1999 是"多数人站立不稳，少数人惊逃户外"；《美国 M.M》是"人人有感，多数人会惊慌跑出户外"；《欧洲 EMS-98》是"室内绝大多数人和室外多数人有感，少数人失去平衡，许多人惊慌失措，仓皇逃出"。

（2）《美国 M.M》《欧洲 EMS-98》和《日本 JMA》中都有关于人的心理感受的描述，而我国的地震烈度表中没有。如《美国 M.M》Ⅸ度有"大多数人恐慌"；《欧洲 EMS-98》Ⅸ度有"普遍感到恐慌"；《日本 JMA》3 度（相当于 12 度烈度表的Ⅴ度）有"一些人感到恐惧"等。

（3）《美国 M.M》和《欧洲 EMS-98》中有关于高低层人的不同感觉的描述。如《美国 M.M》Ⅱ度提到了"在楼宇上层或合适位置，且在静止中的人有感"；《欧洲 EMS-98》Ⅶ度提到了"多数人尤其是位于上面几层楼的人难以站稳"；GB/T 17742—1999 中只给出了地面上人的感觉，但在说明中提到了"在高楼上人的感觉要比地面上室内人的感觉明显，应适当降低评定值"，但并未给出具体如何实施这一条的说明。对于如何利用高低层人的不同感觉来评定烈度是非常值得研究的。

（4）我国地震烈度表和《日本 JMA》中有骑车人、驾驶员的感受，而《欧洲 EMS-98》中却没有。如 GB/T 17742—1999 Ⅶ度有"骑自行车的人有感觉，行驶中的汽车驾乘人员有感觉";《日本 JMA》4 度（相当于 12 度烈度表的Ⅵ度）有"一些开车的人感到震颤"等。

（5）只有《中国 1980》和 GB/T 17742—1999 X 度时有关于"有抛起感"的描述。

（6）对于"室外有感"的描述，我国地震烈度表和《欧洲 EMS-98》中出现在Ⅳ度；《美国 M.M》出现在Ⅴ度；而《日本 JMA》中没有这方面的描述。

（7）对于"仓皇出逃"的描述，我国地震烈度表中出现在Ⅵ度和Ⅶ度；《日本 JMA》中出现在Ⅳ度和Ⅴ度弱（相当于 12 度烈度表的Ⅵ度和Ⅶ度）；《美国 M.M》中只出现在Ⅵ度；《欧洲 EMS-98》中出现在Ⅵ度、Ⅶ度和Ⅷ度。并且各烈度表中用来形容"仓皇出逃"的数量用语也不尽相同。对于确定"仓皇出逃"所在地震烈度区及形容的数量用语也是一个需要继续研究的内容。

（8）对于"站立不稳"的描述，《中国 1957》和 GB/T 17742—1999 中出现在Ⅵ度；《中国 1980》中出现在Ⅸ度；《美国 M.M》和《欧洲 EMS-98》中出现在Ⅶ度；《日本 JMA》中出现在 6 度弱（相当于 12 度烈度表的Ⅸ度）。

（9）对于"行走困难"的描述，我国地震烈度表中都出现在Ⅷ度；《日本 JMA》中出现在 5 度弱（相当于 12 度烈度表的Ⅶ度）；而《美国 M.M》和《欧洲 EMS-98》中没有此方面描述。因此，对于确定"站立不稳、行走困难"所在地震烈度区及形容的数量用语也是一个需要继续研究的内容。

4.1.2　国内外地震烈度表中器物反应评定指标对比

从表 4.1-2 可以看出，国内外地震烈度表中关于器物反应异同点如下：

（1）《中国 1980》和 GB/T 17742—1999 中只有Ⅲ~Ⅴ度三个地震烈度区有器物反应描述；《中国 1957》中Ⅲ~Ⅺ度有描述；《美国 M.M》中Ⅲ~Ⅶ度有描述；《欧洲 EMS-98》中Ⅰ~Ⅷ度有描述；《日本 JMA》中 2~7 度（相当于 12 度烈度表的Ⅳ~Ⅻ度）有描述。

（2）国内外六个地震烈度表中关于器物反应在Ⅰ~Ⅴ度时的差别不是很大。

（3）除《中国 1980》和 GB/T 17742—1999 外，其他地震烈度表中均有家具和架上物品反应的描述，《欧洲 EMS-98》中甚至还有门、窗、窗玻璃和灯的反应描述。特别是架上物品在许多地震中都有掉落现象，应作为典型器物纳入地震烈度表中。

（4）对于家具反应的描述，《中国 1957》和《日本 JMA》中有轻、重家具反应之分。

（5）《欧洲 EMS-98》在Ⅶ度有"顶部沉重的家具可能会翻倒"的描述。四川汶川 8.0 级地震中顶部沉重的饮水机在Ⅵ、Ⅶ度地区大量倾倒，说明这类器物应作为典型器物纳入地震烈度表中。

（6）只有《中国 1957》和《欧洲 EMS-98》中有关于"器皿中液体或水"的描述，其他地震烈度表中没有。

（7）只有《欧洲 EMS-98》和《日本 JMA》中有关于"电视机""打字机"等典型器物的描述，其他地震烈度表中没有。

（8）器物反应在不同的地震烈度表中均未像人的感觉那样单列一项，不同地震烈度表中列在不同项目中。如《中国 1980》和 GB/T 17742—1999 中"器物反应"分别列在"其他现象"和"其他震害现象"中；《日本 JMA》中"器物反应"大部分描述列在"屋内情况"，少部分列在"屋外情况"中。

4.1.3　GB/T 17742—2008 中人的感觉和器物反应评定指标的修订

在 GB/T 17742—2008 修订时，通过上述国内外地震烈度表的比较分析，发现了关于人的感觉和器物反应存在的不同点和值得进一步改进的方面。

人的感觉方面：

（1）《美国 M. M》《欧洲 EMS-98》和《日本 JMA》中都有关于人的心理感受的描述，而我国地震烈度表中没有。

（2）《美国 M. M》和《欧洲 EMS-98》中有关于高低层人的不同感觉的描述，而我国地震烈度表中没有。

除此以外，各国地震烈度表中关于"室外有感""仓皇出逃""站立不稳、行走困难"等现象的描述出现在不同的地震烈度区内，这些标志需要重新界定。

器物反应方面：

（1）除《中国 1980》和 GB/T 17742—1999 外，其他地震烈度表中均有家具和架上物品反应的描述。

（2）《欧洲 EMS-98》和《日本 JMA》中有关于"电视机""打字机"等典型器物的描述，甚至《欧洲 EMS-98》中提到了一些典型器物如"顶部沉重的器物"，而我国地震烈度表中没有。

因此，在 GB/T 17742—2008 修订时对上面几点进行了研究，并给出了相应的评定标志。但由于修订工作时间紧，只做出以下修订：

在人的感觉方面，由于关于人的心理感受、高低层人的感觉研究基础不够，并且由于我国之前三个地震烈度表和《美国 M. M》《欧洲 EMS-98》中关于人的感觉差别不大，所以人的感觉描述仍沿用 GB/T 17742—1999，未做修改，只是对人的感觉标题和定义作了修改。将 GB/T 17742—1999 中标题"在地面上人的感觉"改为"人的感觉"。因为表中有室内、室外和睡梦中的人，以及骑自行车的人、驾驶员等描述，只用"在地面上人的感觉"作为标题不够准确。参照《中国 1980》和 GB/T 17742—1999，修订时将"人的感觉"定义为"地面上以及底层房屋内人的感觉"。

在器物反应方面，考虑到家具和架上物品在地震中的反应很典型，应该在地震烈度表中有所体现，故在Ⅵ度和Ⅶ度区加上家具和架上物品的反应。具体修改为，Ⅵ度：轻家具和物品移动；Ⅶ度：少数物品从架子上掉落。另外为了连续，在Ⅴ度加上了"悬挂物大幅度晃动"。

GB/T 17742—2008 中人的感觉和器物反应见表 4.1-5。

表 4.1-5　GB/T 17742—2008 中人的感觉和器物的反应评定指标

烈度	人的感觉	器物反应
Ⅰ度	无感	—
Ⅱ度	室内个别静止中的人有感觉	—

续表

烈度	人的感觉	器物反应
Ⅲ度	室内少数静止中的人有感觉	悬挂物微动
Ⅳ度	室内多数人、室外少数人有感觉，少数人梦中惊醒	悬挂物明显摆动，器皿作响
Ⅴ度	室内绝大多数、室外多数人有感觉，多数人梦中惊醒	悬挂物大幅度晃动，不稳定器物摇动或翻倒
Ⅵ度	多数人站立不稳，少数人惊逃户外	家具和物品移动
Ⅶ度	大多数人惊逃户外，骑自行车的人有感觉，行驶中的汽车驾乘人员有感觉	物体从架子上掉落
Ⅷ度	多数人摇晃颠簸，行走困难	—
Ⅸ度	行动的人摔倒	—
Ⅹ度	骑自行车的人会摔倒，处不稳状态的人会摔离原地，有抛起感	—

注："个别"为 10%以下；"少数"为 10%~45%；"多数"为 40%~70%；"大多数"为 60%~90%；"普遍"为 80%以上。

4.1.4　存在的问题

虽然 GB/T 17742—2008 对前面提到的人的感觉和器物反应需要改进的方面进行了部分修订，但仍存在以下问题：

（1）人的心理感受是否作为地震烈度评定的标志；

（2）研究人在高低层感觉的差别，给出相应的地震烈度评定标准；

（3）重新界定"室外有感""仓皇出逃""站立不稳""行走困难"等典型现象出现的地震烈度区域；

（4）研究高烈度区典型器物的反应，给出相应的地震烈度评定标准；

（5）根据地震现场资料，寻找新的典型器物，给出相应的地震烈度评定标准。

4.2　依据地震现场调查资料的人的感觉和器物反应地震烈度评定指标分析

通过分析、整理汶川等地震大量新的地震现场调查资料，给出了不同地震烈度区人的感觉和器物反应情况、特点、最突出的现象等；探讨了人的感觉、器物反应与地震烈度的关系；详细研究了 4.1.4 节给出的五个主要问题；给出了用于地震烈度评定的人的感觉和器物反应修改指标（以下简称"修改指标"）。

4.2.1　汶川 8.0 级地震现场调查资料的整理与分析

1. 汶川 8.0 级地震现场调查资料的总体情况

2008 年 5 月 12 日 14 时 28 分，在四川省汶川县发生了 8.0 级特大地震。地震波及四川、重庆、甘肃、陕西、宁夏、云南 6 省（市、区）的 237 个县（市、区）。地震发生后，中国地震局组织专家赴四川、甘肃、陕西、重庆等地开展现场调查。其中，中国地震局工程力学研究所调查组在地震现场进行了近 3 个月的调查，目的之一就是寻找地震烈度的宏观标志，了解地震烈度的衰减规律，取得对宏观影响场的感性认识，并希望通过实践为修订中国地震烈度表提供资料和经验。此次对人的感觉和器物反应调查是沿着龙门山断裂带平行方向，对地震断层下盘地区进行的，主要包括成都市区、都江堰市区、什邡辖区、德阳市区、绵竹辖区、绵阳市区、安县辖区、广元市辖区、平武县城等地区。

通过对汶川 8.0 级地震亲历者的采访，包括不同地震烈度区（主要是 Ⅵ～Ⅸ 度）、位于不同位置（室内、室外、车里；低楼层处、高楼层处）、不同年龄、不同职业、不同性别的当地群众 300 多人，收集到有关人的感觉和器物反应相关信息 304 条。

在这些资料中，有明确年龄信息的仅 212 条，其中，年纪最小的只有 6 岁，最大的 91 岁；男性占 60%左右，女性占 40%左右；被调查者来自各行各业，其中，工人、学生、教师、退休在家的老人所占比例较大；经历过唐山地震、松潘地震等其他地震的人不到 10%。并且，地震发生时人所处位置也有所不同，其大致情况为：处于室内 85%、室外 15%；室外信息中车里的占 15%、骑自行车的占 10%；室内信息中在家中 45%、办公室 35%、厂房内 5%、小商店中 5%、学校内 10%。

为了弥补低烈度区（Ⅵ度以下）和高烈度区（Ⅸ度以上）的资料，另外还通过网络补充收集了汶川 8.0 级地震信息 195 条。表 4.2-1 给出了汶川 8.0 级地震相关资料的各地震烈度分布情况，表 4.2-2 给出了汶川 8.0 级地震资料中人的感觉和器物反应信息各地震烈度分布情况。

在资料整理过程中，是按照下面的原则进行统计的：

（1）以每条信息为 1 个单位；

（2）每条信息中有人的感觉或器物反应描述时计数为 1，否则计数为 0；

（3）数量词定义同 GB/T 17742—1999："个别"为 10%以下；"少数"为 10%～50%；"多数"为 50%～70%；"大多数"为 70%～90%；"普遍"为 90%以上。

此次收集整理的主要是 Ⅱ～Ⅺ 度共十个地震烈度区的资料。Ⅰ度无感，Ⅻ度是地震影响达到可以想象的最大程度，历次地震还未给出 Ⅻ 度的区域，所以，资料中未包含这两个地震烈度区的信息。汶川 8.0 级地震烈度评定工作只给出了 Ⅵ～Ⅺ 度区的结果，其他 Ⅱ～Ⅴ 度区的结果是本文根据收集的信息利用 GB/T 17742—2008 自行评定的，还有一部分是专家建议的。

表 4.2－1　汶川 8.0 级地震资料的数目统计（条）

地震烈度	现场调查	网络收集	各地震烈度区信息总数
Ⅱ度	0	2	2
Ⅲ度	0	72	72
Ⅳ度	0	29	29
Ⅴ度	0	31	31
Ⅵ度	50	18	68
Ⅶ度	118	1	119
Ⅷ度	44	3	47
Ⅸ度	70	5	75
Ⅹ度	20	4	24
Ⅺ度	2	30	32
总数	304	195	499

表 4.2－2　汶川 8.0 级地震人的感觉和器物反应资料数目统计（条）

地震烈度	人的感觉	器物反应	各地震烈度区信息总数
Ⅱ度	2	0	2
Ⅲ度	72	14	72
Ⅳ度	25	12	29
Ⅴ度	27	19	31
Ⅵ度	59	39	68
Ⅶ度	97	84	119
Ⅷ度	46	26	47
Ⅸ度	65	50	75
Ⅹ度	23	6	24
Ⅺ度	31	4	32
总数	447	254	499

2. 汶川 8.0 级地震各地震烈度区人的感觉和器物反应资料情况

1）Ⅱ度区

此地震烈度区的资料非常少，只有 2 条，全部来自网络。信息描述的都是离震中较远的黑龙江哈尔滨市位于高层处人的感受，其距离北川县城 2500 多千米。信息中提到"人们感觉到轻微晃动了几下"，而关于地面上以及底层房屋内人的感觉和器物反应均无报道。因此，根据 GB/T 17742—2008 从地面上和底层房屋内人的感觉应该评定该地区为Ⅰ度。但世界上所有地震烈度表都认为Ⅰ度为无感，即无论人在什么位置，处于什么状态均无感觉，而上述 2 条信息表明，位于高层建筑特殊位置上的人确实有感觉，正如文献《欧洲地震烈度表 1998》（［德］G. GRUNTHAL，黎益仕、温增平译，2010）论述的那样"由于地震动太弱以至于只有位于高层建筑物上部楼层的人才能感觉到，这是烈度为Ⅱ度的典型地震表现"。所以，综合考虑将该地区的地震烈度评定为Ⅱ度最为合适。

可见，Ⅱ度区最突出的现象是，除室内个别静止中人有感觉外，还应包括个别较高楼层中的人有感觉。

2）Ⅲ度区

此地震烈度区的资料全部来自网络，共 72 条，其中 35%来自当地记者的报道，65%来自亲历者的感受。资料中关于室内的描述占 93%、室外 7%。室外信息中车里的占 40%；室内信息中高楼层处的描述占 32%，其他楼层中的描述占 25%，所处楼层不详信息占 43%。此地震烈度区包含的主要城市有：北京、上海、天津、广州等。各城市距离北川县城 1200~1600km，距离映秀镇 950~1400km。

此地震烈度区信息中提到的典型现象及用于描述的用语有：①楼里居民感觉到轻微晃动；②高层的人有明显震感、听到响声、有点头晕、恶心、站不稳，有人向楼下跑；③路上行人无感觉；④窗纱、中国结等悬挂物摇动，电灯微摇；⑤高层中鱼缸的水波动，桌椅微摇，电脑晃动，书架哗啦哗啦地响。

此地震烈度区是自行评定的，由于资料中路上的行人均无感觉，表明地震烈度没有达到Ⅳ度"室外少数人有感觉"的程度。资料中有 2 条信息描述了处于室内底层处人有感觉，又考虑到汶川地震发生时间接近下午上班时间，人们要么在工作、要么在路上赶去上班，以致处于完全静止的人比较少，按实际情况应该会有更多处于静止的人有感觉。因此，可以理解为室内少数静止中的人有感觉。并且，资料中有窗纱、中国结、电灯等悬挂物微摇的描述，这表明悬挂物有微动现象。因此，按 GB/T 17742—2008 中"室内少数静止中的人有感觉""悬挂物微动"评定这些地区的地震烈度为Ⅲ度。

除此之外，GB/T 17742—2008 中未包含的主要标志还有：较高楼层处人的感觉和器物反应。经统计，处于较高层处的人有感觉的比例为 30%左右。

可见，Ⅲ度区最突出的现象是：室内少数静止中的人有感觉；悬挂物微动；较高楼层中的人有明显感觉；较高楼层中器物反应要比低楼层处器物反应强烈。

Ⅲ度区开始出现的现象是：室内器物开始有晃动。

3）Ⅳ度区

此地震烈度区的资料全部来自网络，共 29 条，其中 10%来自当地记者的报道，90%来自亲历者的感受。资料中关于室内的描述占 76%、室外 24%。室外信息中骑车的占 29%；室内信息中高楼层处的描述占 18%，其他楼层中的描述占 23%，所处楼层不详信息占 59%。此地震烈度区包含的主要城市有：郑州、银川。这两个城市距离北川县城 900~1050km。

此地震烈度区信息中提到的典型现象及用于描述的用语有：①楼里居民感觉到明显晃动；②高层的人感觉到明显晃动、头晕、恶心、站不稳、害怕；③室外人明显感觉地震的发生；④骑自行车的人有感觉；⑤灯笼、电灯等悬挂物晃动厉害；⑥垃圾桶、桌椅等其他摆放的器物摇动；⑦高层中水桶里的水晃动，鱼缸中的水洒出大半。

此地震烈度区是自行评定的，由于资料中没有室内处于底层人的感觉，就不能应用室内人的感觉来评定烈度。但资料中处于室外的人有感觉的比例是 20% 左右，表明室外少数人有感觉，并且有灯笼、电灯等悬挂物晃动厉害的描述，这表明悬挂物有明显摆动现象。因此，按 GB/T 17742—2008 中"室外少数人有感觉""悬挂物明显摆动"评定这些地区的地震烈度为Ⅳ度。

除此之外，GB/T 17742—2008 中未包含的主要标志还有：较高楼层处人的感觉和器物反应；个别骑自行车的人有感觉；器物摇晃。

可见，Ⅳ度区最突出的现象是：室外少数人有感觉；悬挂物明显摆动；较高楼层中人的感觉和器物反应较低楼层处强烈。

Ⅳ度区开始出现的现象是：室外人开始有感觉；骑自行车的人开始有感觉；高层处鱼缸中的水开始有溢出现象。

4）Ⅴ度区

此地震烈度区的资料全部来自网络，共 31 条，其中 25% 来自当地记者的报道，75% 来自亲历者的感受。资料中关于室内的描述占 97%、室外占 3%。室内信息中高楼层处的描述占 7%，其他楼层中的描述占 23%，所处楼层不详信息占 70%。此地震烈度区包含的主要城市有：兰州、洛阳、杭州、南京等。这些城市距离北川县城 470～1300km，距离映秀镇 300～800km。

此地震烈度区信息中提到的典型现象及用于描述的用语有：①无论室内与室外的人都能感觉到强烈晃动，人们感觉到头晕、恶心、站不稳、害怕，并纷纷外逃；②开车的人有感觉；③有人被震醒；④电灯等悬挂物大幅度晃动；⑤写字台、书柜等器物作响；⑥摆放在高处或不稳定器物翻倒；⑦桌、椅、床、投影仪、电脑等器物明显摇晃；⑧饮水机倾倒；⑨一些居民家里的家具倒下。

此地震烈度区是自行评定的，由于资料中没有室内处于底层人的感觉，并且室外人的感觉资料也非常少，就不能应用室内人与室外人的感觉来评定地震烈度。但资料中有电灯等悬挂物大幅度晃动，摆放在高处或不稳定器物翻倒等描述。因此，按 GB/T 17742—2008 中"悬挂物大幅度摆动""不稳定器物摇动或翻倒"来评定这些地区的地震烈度为Ⅴ度。

除此之外，GB/T 17742—2008 中未包含的主要标志还有：①有人惊逃户外，经统计，Ⅴ度区人们惊逃户外的比例是 40% 左右；②个别开车的人有感觉。

可见，Ⅴ度区最突出的现象是：悬挂物大幅度摆动；轻的、重量分布不均匀的、摆放不稳定的器物开始摇动或翻倒。

Ⅴ度区开始出现的现象是：开始有人从梦中惊醒；开车的人开始有感觉；器物（如饮水机、家具）开始倾倒。

5）Ⅵ度区

此地震烈度区的资料25%来自网络，75%来自地震现场调查，其中10%来自当地记者的报道，90%来自亲历者的感受。资料中关于室内的描述占78%、室外占22%。室外信息中骑车的占13%；室内信息中高楼层处的描述占4%，其他楼层中的描述占62%，所处楼层不详信息占34%。此地震烈度区包含的主要城市有：西安、成都市区、什邡市区等。各地距离北川县城500～900km，距离映秀镇70～950km。

此地震烈度区是地震烈度调查的评定结果，收集到的信息中提到的典型现象及用于描述的用语有：①无论室内与室外的人都能感觉到强烈晃动，人们感觉到头晕、恶心、站不稳、害怕，并纷纷外逃，有人听到轰隆隆的响声，有世界末日的感觉；②睡觉的人被震醒；③骑车的人感觉骑不动；④电灯等悬挂物大幅度、不规则的晃动，有的坠落；⑤写字台、书柜等器物作响；⑥瓶装物像洗发水、啤酒瓶等不稳定器物翻倒；⑦桌、椅、床、铁制卷柜、电视机、家具等剧烈摇晃；⑧饮水机、铁制卷柜、电脑显示器、电视机、冰箱、音箱倾倒；⑨铁制卷柜被震开；⑩鱼缸中的水不断溢出；⑪河水震荡。

这些现象中与GB/T 17742—2008中Ⅵ度评定标准符合的有："多数人站立不稳""家具和物品移动"。经统计，Ⅵ度区人站立不稳的比例为60%；有电脑显示器、电视机、饮水机移位等现象。

另外，GB/T 17742—2008中未包含的标志有：饮水机、铁制卷柜、电脑显示器、电视机等器物的反应；水的反应。

可见，Ⅵ度区最突出的现象是：多数人站立不稳；人被震醒；器物移动或翻倒；河水震荡。

Ⅵ度区开始出现的现象是：①电灯等悬挂物坠落；②铁制卷柜、电脑显示器、电视机、冰箱移位或倾倒；③河水震荡。

6）Ⅶ度区

此地震烈度区的资料全部是来自亲历者的感受，其中1%来自网络，99%来自地震现场调查。资料中关于室内的描述占91%、室外占9%。室外信息中车里的占36%、骑车的占9%；室内信息中高楼层处的描述占6%，其他楼层中的描述占76%，所处楼层不详信息占18%。此地震烈度区包含的主要城市有：德阳市、绵阳市、广元市区等。各地距离北川县城150～200km，距中央断裂带26～51km。

此地震烈度区是地震烈度调查的评定结果，收集到的信息中提到的典型现象及用于描述的用语有：①人们感觉到强烈晃动，头晕、恶心、站不稳、害怕，并纷纷外逃，有人听到轰隆隆的响声，有世界末日的感觉；②睡觉的人被震醒；③骑车的人感觉骑不动，开车的人感觉车子不听使唤；④电灯等悬挂物大幅度、不规则的晃动，坠落；⑤桌、椅、床、铁制卷柜、电视机、家具等剧烈摇晃、作响；⑥饮水机、铁制卷柜、电脑显示器、电视机、冰箱、洗衣机移位或倾倒；⑦瓶装物像洗发水、啤酒瓶等不稳定器物翻倒；⑧铁制卷柜、橱柜门被震开；⑨餐桌、钢琴、组合柜等重的家具移位；⑩河水起高浪。

这些现象中与GB/T 17742—2008中Ⅶ度评定标准符合的有："骑自行车的人有感觉""行驶中的汽车驾乘人员有感觉""物体从架子上掉落"。经统计，有骑车的人感觉骑不动，开车的人感觉车子不听使唤、瓶装物像洗发水、啤酒瓶等不稳定器物翻倒等现象。

另外，GB/T 17742—2008 中未包含的标志有：饮水机、电脑显示器、电视机、铁制卷柜等器物的反应；水的反应。

可见，Ⅶ度区最突出的现象是：人惊逃户外；骑自行车的人、行驶中的汽车驾乘人员有感觉；人站立不稳；物体从架子上掉落；饮水机、电脑显示器、电视机、铁制卷柜等器物移位或翻倒。

Ⅶ度区开始出现的现象是：重家具移位；河水起高浪。

7）Ⅷ度区

此地震烈度区的资料 5% 来自网络，95% 来自地震现场调查，其中 5% 来自当地记者的报道，95% 来自亲历者的感受。资料中关于室内的描述占 83%、室外占 17%。室外信息中车里的占 38%；室内信息中低楼层处的描述占 90%，所处楼层不详信息占 10%。此地震烈度区包含的主要的城市有：平武县城、什邡市马祖镇、安县老城区等。各地距离北川县城 30～120km，距离映秀镇 40～65km。

此地震烈度区是地震烈度调查的评定结果，收集到的信息中提到的典型现象及用于描述的用语有：①人们感觉到强烈晃动，头晕、恶心、站不稳、走不动、害怕、纷纷外逃、有人听到轰隆隆的响声、有世界末日的感觉；②睡觉的人被震醒；③骑车的人感觉骑不动，开车的人感觉车子不听使唤、有颠簸感；④有人摔倒；⑤电灯等悬挂物大幅度、不规则的晃动，坠落；⑥瓶装物像洗发水、啤酒瓶等不稳定器物翻倒；⑦桌、椅、床、饮水机、铁制卷柜、电脑显示器、电视机、冰箱、洗衣机移位或倾倒；⑧铁制卷柜、橱柜门被震开；⑨组合柜等重的家具移位；⑩河水起高浪并溅出。

这些现象中与 GB/T 17742—2008 中Ⅷ度评定标准符合的有："多数人摇晃颠簸，行走困难"。经统计，人摇晃颠簸，行走困难的比例是 65% 左右。

另外，GB/T 17742—2008 中未包含的标志有：有人摔倒；饮水机、电脑显示器、电视机、铁制卷柜等器物的反应；水的反应。

可见，Ⅷ度区最突出的现象是：站立不稳、行走困难；骑车人和汽车的驾乘人员感觉到颠簸；饮水机、电脑显示器、电视机、铁制卷柜等器物翻倒。

Ⅷ度区开始出现的现象是：有人摔倒；河水溅出。

8）Ⅸ度区

此地震烈度区的资料 5% 来自网络，95% 来自地震现场调查，其中 5% 来自当地记者的报道，95% 来自亲历者的感受。资料中关于室内的描述占 87%、室外占 13%。室外信息中车里的占 20%、骑车的占 10%；室内信息中低楼层处的描述占 82%，所处楼层不详信息占 18%。此地震烈度区包含的主要城市有：什邡市蓥华镇、安县沸水镇、绵竹市等。各地距离北川县城 25～180km，距离映秀镇 55～60km。

此地震烈度区是地震烈度调查的评定结果，收集到的信息中提到的典型现象及用于描述的用语有：①人们感觉到强烈晃动，头晕、恶心、站不稳、走不动、害怕、纷纷外逃、感觉被甩来甩去，有人听到轰隆隆的响声，有世界末日的感觉；②睡觉的人被震醒；③骑车的人感觉骑不动，开车的人感觉车子不听使唤、有颠簸感；④行动的人摔倒；⑤电灯等悬挂物大幅度、不规则的晃动，坠落；⑥瓶装物像洗发水、啤酒瓶等不稳定器物翻倒；⑦桌、椅、床、饮水机、铁制卷柜、电脑显示器、电视机、冰箱、洗衣机移位或倾倒；⑧铁制卷柜、橱柜门、抽屉被震开；⑨组合柜等重的家具移位、倾倒；⑩河水起高浪并溅出。

这些现象中与 GB/T 17742—2008 中Ⅸ度评定标准符合的有："行动的人摔倒"。

另外，GB/T 17742—2008 中未包含的标志有：饮水机、电脑显示器、电视机、铁制卷柜等器物的反应；水的反应。

可见，Ⅸ度区最突出的现象是：站立不稳、走不动，感觉被甩来甩去，容易摔倒；骑车人和汽车的驾乘人员感觉到颠簸；饮水机、电脑显示器、电视机、铁制卷柜等器物翻倒。

Ⅸ度区开始出现的现象是：重家具倾倒。

9）　Ⅹ度区

此地震烈度区的资料全部来自亲历者的感受，其中 15% 来自网络，85% 来自地震现场调查。资料中关于室内的描述占 58%、室外占 42%。室外信息中骑车的占 10%；室内信息中低楼层处的描述占 57%，所处楼层不详信息占 43%。此地震烈度区包含的主要城市有：什邡市穿心店、什邡市红白镇、绵竹市汉旺镇等。各地距离北川县城 10～15km，距离映秀镇 60km 左右。

此地震烈度区是地震烈度调查的评定结果，收集到的信息中提到的典型现象及用于描述的用语有：①人们感觉到强烈晃动，头晕、恶心、站不稳、走不动、害怕、纷纷外逃、感觉被甩来甩去，听到轰隆隆的响声，有世界末日的感觉；②睡觉的人被震醒；③骑车的人、开车的人感觉车子不受控制；④人摔倒；⑤室内的器物几乎全部倾倒。

这些现象中与 GB/T 17742—2008 中Ⅹ度评定标准符合的有："处不稳状态的人会摔离原地，有抛起感"。

另外，GB/T 17742—2008 未包含的标志有：室内的器物几乎全部倾倒。

可见，Ⅹ度区最突出的现象是：人被甩来甩去、摔倒；室内的器物几乎全部倾倒。

10）　Ⅺ度区

此地震烈度区的资料全部来自亲历者的感受，其中 95% 来自网络，5% 来自地震现场调查。资料中关于室内的描述占 75%、室外占 25%。室外信息中车里的占 13%；室内信息中低楼层处的描述占 33%，所处楼层不详信息占 67%。此地震烈度区包含的主要城市有：北川县城、映秀镇。各地距离北川县城 60～65km。

此地震烈度区信息中提到的典型现象及用于描述的用语有：①人们感觉到强烈晃动，头晕、恶心、站不稳、走不动、害怕、纷纷外逃、感觉被甩来甩去，听到轰隆隆的响声，有世界末日的感觉，很难逃离；②骑车的人、开车的人感觉车子不受控制；③人摔倒；④室内的器物全部倾倒。

GB/T 17742—2008 中没有给出Ⅺ度区的描述，但从地震现场调查资料的统计中发现，Ⅺ度区最突出的现象是：人被震倒；器物全部倾倒。

3. 汶川地震现场调查资料分析总结

从对汶川地震各地震烈度区人的感觉和器物反应分析中可以找出，各地震烈度区的共性现象，如人的感觉方面：人感觉到头晕、恶心、站不稳、害怕；睡觉的人被惊醒；外逃；听到轰隆隆等声音；较高楼层的人要比较低层的人感觉强烈等。器物反应方面：吊灯等悬挂物摇晃或坠落；小器物（如家中的摆设、超市货架上瓶罐）摇晃或倾倒；饮水机、电视机、电脑显示器、铁制卷柜摇晃、移位或倾倒；鱼缸中的水、河水摇晃或溢出等。下面对这些现象是否都可作为评定地震烈度的标志逐一进行了研究与验证。

首先，可以说明的是："人感觉不害怕、害怕、甚至恐惧"是人的心理反应，与每个人的身体条件、是否经历过地震等因素都有密切的联系，如同一地震烈度区同一地点的人们有的感觉害怕、有的感觉不害怕。因此，"人感觉不害怕、害怕、甚至恐惧"太过于主观，很难来界定，故建议不将此作为评定烈度的标志。

此外，关于声音的问题。声音是客观存在的，但调查中发现，由于地震发生时人们所处位置不同、距离震中远近不同、或是有些人当时很恐惧并忙于自救，而忽略了声音现象。并且从低烈度区到高烈度区都有人们听到声音的描述。对于"人听到声音"来说，不是地震时人们的感觉，因此不应作为评定烈度的标志。

4.2.2　近年来地震现场调查资料的整理与分析

为了研究除"害怕""声音"外的其他现象是否可作为评定烈度的标志，又收集了其他地震的现场调查资料，并与汶川地震资料一起进行了整理与分析。

1. 资料的总体情况

在汶川地震资料的基础上，又在文献中收集到了其他地震现场调查信息 217 条。表4.2-3 给出了所有地震相关资料的各地震烈度分布情况以及资料中人的感觉和器物反应信息各地震烈度分布情况。

表 4.2-3　地震资料数目统计（条）

地震烈度	汶川地震相关信息	其他地震相关信息	各地震烈度区信息总数
Ⅱ度	2	0	2（2/0）
Ⅲ度	72	7	79（79/16）
Ⅳ度	29	41	70（61/41）
Ⅴ度	31	91	122（113/65）
Ⅵ度	68	47	115（104/64）
Ⅶ度	119	23	142（118/98）
Ⅷ度	47	7	54（53/29）
Ⅸ度	75	1	76（66/50）
Ⅹ度	24	0	24（23/6）
Ⅺ度	32	0	32（31/4）
总数	499	217	716（650/373）

注：最后一列括号中的数据是：人的感觉信息数目/器物反应信息数目。

2. 人的感觉资料分析

1）人的感觉典型用语

通过国内外地震烈度表的对比分析，以及对汶川地震现场调查资料的分析，经综合考虑选取出了能较好描述各烈度区人的感觉典型用语——室内的人、室外的人、惊醒、头晕、外逃、站立不稳、行走困难等，并对收集到的 716 条资料按照这些典型用语进行分类统计。表 4.2-4 给出了人的感觉典型用语和所占比例。

表 4.2-4　人的感觉典型用语和所占比例

地震烈度	典型用语和所占比例（%）				
Ⅲ度	室内人	头晕（恶心）	其他	外逃	高层的人
	12%	35%（3%）	—	25%	30%
Ⅳ度	室内人（室外人）	头晕（恶心）	骑车人	外逃	惊醒
	45%（15%）	13%（4%）	2%	23%	10%
Ⅴ度	室内人（室外人）	头晕（恶心）	站不稳（驾乘人员）	外逃	惊醒
	95%（17%）	15%（3%）	3%（2%）	43%	28%
Ⅵ度	站不稳、行走难	头晕（恶心）	骑车人	外逃	惊醒
	52%	15%（1%）	2%	45%	53%
Ⅶ度	站不稳、行走难	头晕（恶心）	骑车人（驾乘人员）	外逃	其他
	54%	16%（2%）	3%（5%）	47%	—
Ⅷ度	站不稳、行走难	头晕（恶心）	骑车人（驾乘人员）	外逃	摔倒
	64%	17%（2%）	7%（12%）	48%	8%
Ⅸ度	站不稳、行走难	头晕	骑车人（驾乘人员）	外逃	摔倒
	64%	19%	10%（30%）	16%	22%
Ⅹ度	站不稳、行走难	头晕	其他	外逃	摔倒
	56%	19%	—	13%	55%
Ⅺ度	行走难	昏天黑地	其他	外逃	摔倒
	54%	40%	—	39%	100%

注：室内人的感觉比例是按 GB/T 17742—2008 中关于人的感觉定义，"底层房屋内人的感觉"进行统计得到的。

2）地震发生时人的第一反应

主要选取了地震发生时比较典型的"人的第一反应"现象——镇静、躲藏、外逃、惊慌失措、惊呆，并进行统计，如表 4.2-5 所示。

表 4.2 - 5　地震发生时人的第一反应及所占比例

地震烈度	镇静	躲藏	外逃	惊慌失措	惊呆
Ⅲ度	3%	—	25%	—	3%
Ⅳ度	6%	—	23%	7%	3%
Ⅴ度	2%	2%	43%	24%	3%
Ⅵ度	5%	5%	45%	14%	5%
Ⅶ度	9%	8%	47%	21%	5%
Ⅷ度	7%	5%	48%	11%	7%
Ⅸ度	2%	10%	16%	6%	10%
Ⅹ度	15%	6%	13%	—	19%
Ⅺ度	7%	8%	39%	7%	15%
平均比例	6%	6%	33%	13%	8%

　　通过上述统计发现，地震发生时，人立即往外跑，跑到相对安全的地方的人数最多；然后是惊慌失措，不知道该怎么办；其次是惊呆了、吓傻了、吓蒙了；最后是找地方躲和保持镇静的比例最少。

　　在地震中人们要自己把握命运，所以，地震发生时人是如何反应的就变成了是否能生还的决定性因素。心理学家约翰·李奇博士是第一批关注人类在地震等危险状况下大脑反应的人之一，他发现通常可以根据人们的反应把他们分为几类：其中 10% 的人会立即开始自救，尽其全力逃离灾难，这与上面统计的人第一反应镇静和躲藏（12%）近乎一个意思；10% 的人神经质地上蹿下跳，乱来一气，变得充满攻击性，这与上面统计的人惊慌失措（13%）是一个意思；80% 的人或呆若木鸡，或继续平静地做他们平时做的事，就像根本没有看到灾难发生一样，这与上面统计的人惊呆不完全是一个意思，所以两者的比例不能进行对比。可见，上文总结的地震发生时人所采取的第一反应情况基本符合约翰·李奇博士的观点。综上，不能用人的心理感受来作为评定地震烈度的标志。

　　3）不同楼层人的感觉

　　在统计的资料中，有许多的例子都说明：同一栋大楼中，在较高楼层的人要比低楼层的人感觉强烈，距震中较远的地区这样的例子很多。

　　为了分析这种现象是否具有普遍性，将汶川地震资料按照：一类：1~2 层；二类：3~5层；三类：6~9 层；四类：10~20 层；五类：20 层以上，五个楼层类型进行人的感觉分析，见表 4.2 - 6，其中，最高楼层为 88 层（在Ⅲ度区）。

表 4.2 - 6 不同楼层人的感觉数量统计

楼层	Ⅲ度	Ⅳ度	Ⅴ度	Ⅵ度	Ⅶ度	Ⅷ度	Ⅸ度	Ⅹ度	Ⅺ度	楼层信息总数
1~2 层	3	0	1	17	37	19	27	7	5	116
3~5 层	2	2	0	13	33	16	19	2	2	89
6~9 层	5	1	2	3	10	0	6	0	1	28
10~20 层	6	4	2	1	4	0	0	0	0	17
20 层以上	13	0	4	1	2	0	0	0	0	20
烈度区信息总数	29	7	9	35	86	35	52	9	8	270

选取 4 个人的感觉典型用语——头晕，惊醒，外逃，站不稳、行动困难，来分析不同楼层人感觉的差异。不同楼层人的感觉情况见表 4.2 - 7。

从表 4.2 - 7 可以确定，Ⅲ度区处在 10 层楼及 10 层以上的人平均有 35% 有感觉，也可以表述成，少数高层中的人有感觉。这与汶川地震Ⅲ度区资料的统计结论相符合。总体上看，随着楼层的增高，人的感觉也越强烈；处于较高楼层的人要比低层的人感觉强烈。

表 4.2 - 7 不同楼层人的感觉典型现象统计比例

地震烈度	楼层类型	头晕	惊醒	外逃	站不稳、行动困难
Ⅲ度	一类	0	—	33%	0
	二类	50%	0	0	0
	三类	40%	0	0	0
	四类	50%	0	83%	0
	五类	77%	0	54%	8%
Ⅳ度	一类	—	—	—	—
	二类	50%	0	100%	0
	三类	100%	0	100%	0
	四类	0	0	50%	25%
	五类	—	—	—	—
Ⅴ度	一类	100%	0	100%	0
	二类	—	—	—	—
	三类	50%	0	100%	50%
	四类	100%	0	100%	0
	五类	50%	0	50%	50%

地震烈度	楼层类型	头晕	惊醒	外逃	站不稳、行动困难
Ⅵ度	一类	0	7%	20%	40%
	二类	10%	0	50%	33%
	三类	33%	33%	0	67%
	四类	0	0	0	100%
	五类	0	0	0	100%
Ⅶ度	一类	0	0	37%	30%
	二类	5%	10%	35%	5%
	三类	0	0	67%	67%
	四类	0	0	50%	25%
	五类	50%	0	0	100%
Ⅷ度	一类	5%	6%	33%	66%
	二类	13%	13%	25%	63%
	三类	—	—	—	—
	四类	—	—	—	—
	五类	—	—	—	—
Ⅸ度	一类	5%	14%	13%	66%
	二类	0	6%	25%	63%
	三类	0	0	25%	50%
	四类	—	—	—	—
	五类	—	—	—	—
Ⅹ度	一类	14%	0	33%	56%
	二类	0	0	0	50%
	三类	—	—	—	—
	四类	—	—	—	—
	五类	—	—	—	—
Ⅺ度	一类	0	0	60%	20%
	二类	0	0	100%	50%
	三类	0	0	100%	100%
	四类	—	—	—	—
	五类	—	—	—	—

注：一类：1~2层；二类：3~5层；三类：6~9层；四类：10~20层；五类：20层以上。

4）室内与室外人的感觉

通过对国内外地震烈度表的研究发现，GB/T 17742—1999、《美国 M. M》《欧洲 EMS-98》中都有"室内人"与"室外人"的描述，其中都是室内的人先有感觉，室外的人后有感觉。并且从表4.2-4中也发现室内的人要比室外的人感觉强烈。在收集到的资料中，地震发生时人处于室内的信息有 422 条、处于室外的有 75 条。选取 3 类人的感觉典型用语——头晕，外逃、站不稳、行动困难，来分析室内与室外人的感觉。室内与室外人的感觉情况见表4.2-8，从表中可以发现，室内的人确实要比室外的人感觉强烈。

表4.2-8　室内与室外人的感觉典型现象统计比例

地震烈度	位置	头晕	外逃	站不稳、行动困难
Ⅲ度	室内	36%	27%	1%
	室外	0	0	0
Ⅳ度	室内	37%	47%	5%
	室外	33%	17%	33%
Ⅴ度	室内	50%	58%	12%
	室外	—	—	—
Ⅵ度	室内	7%	20%	38%
	室外	20%	7%	33%
Ⅶ度	室内	3%	35%	30%
	室外	0	9%	45%
Ⅷ度	室内	11%	34%	66%
	室外	0	13%	50%
Ⅸ度	室内	13%	25%	74%
	室外	10%	30%	60%
Ⅹ度	室内	23%	23%	46%
	室外	10%	20%	40%
Ⅺ度	室内	4%	58%	29%
	室外	13%	13%	29%

5）头晕的研究

从表4.2-4、表4.2-7、表4.2-8可以看出，①不同地震烈度区人感觉头晕的情况：在Ⅲ~Ⅺ度区都有人感觉到头晕；除Ⅲ度区较高楼层的资料较多，头晕的比例较大外，其他Ⅳ~Ⅺ度区基本上是越高地震烈度区感觉头晕的人数越多；②不同楼层人感觉头晕的情况：除10~20层的资料太少，统计比例不太准外，可以说随着楼层的增高，人感觉头晕的比例不断增大；③室内与室外的人感觉头晕的情况：室外的人感觉头晕的比例要少于室内的人。

头晕主要是"晃"出来的。地震造成地面和结构物的晃动对人的刺激的强度和时间在一定限度内时，人不会有不良反应，而一旦超出这个限度，过于兴奋的前庭系统会导致中枢神经系统出现异常，结果就会使人产生眩晕感，并伴随恶心、呕吐、冒冷汗等症状。这个限度被称为致晕阈值，致晕阈值的个体差异很大，既受遗传因素制约，也受到视觉空间、身体状况、精神状态以及客观环境（如温度、通风状况、噪声、空气异味）等因素的影响，同一个人在不同情况下的致晕阈值是不同的。

除了晃动，次声波也会导致头晕。由于次声波频率低，很容易引起人体脏器发生共振，从而导致头晕、恶心、心悸等症状的出现。不过这种不适不会持续很长时间，在次声波和晃动过去后，症状会自然消失。

综上，由于头晕也属于人的心理感受，受个人身体素质的影响。所以，头晕也不可作为评定地震烈度的标志。

6）人被震醒的研究

不同地震烈度区人被惊醒的情况参看表 4.2－4 和表 4.2－7，从中发现被震醒的现象很普遍，从Ⅳ度区开始就有正在睡觉的人被震醒现象，从Ⅵ度区开始几乎近 100% 正在睡觉的人被震醒。由于 10～20 层和 20 层以上有关人被震醒的资料非常少，无法给出这两个楼层段内人被震醒的比例。但从其他楼层段的比例可以看出，随着楼层的增高，人被震醒的比例很可能是不断增大的。

7）人感觉站不稳、行走困难的研究

从表 4.2－4、表 4.2－7 和表 4.2－8 可以看出，①不同地震烈度区人感觉站不稳、行走困难的情况：Ⅴ度区开始就有站不稳现象，除了Ⅹ、Ⅺ度区资料太少，统计数字不准外，基本上是越高烈度区这种现象越普遍；②不同楼层人感觉站不稳、行走困难的情况：除了 10～20 层的资料太少，统计数字不准外，基本上是随着楼层的增高，人感觉站不稳、行走困难的比例越大；③室内与室外的人感觉站不稳、行走困难的情况：室外的人感觉站不稳、行走困难的比例要低于在室内的人。

3. 人的感觉总结

通过以上统计分析，得到如下人的感觉总体结论：

（1）人的感觉差异很大。不能用人的第一反应和人的心里感受以及头晕作为地震烈度评定指标。

（2）同一地震烈度区，随着楼层的增高，人对地震的感觉也越强烈；处于较高楼层的人要比在较低楼层的人感觉强烈。

（3）室内的人要比室外的人感觉强烈；静止中的人要比移动中的人感觉强烈。

（4）从Ⅴ度区开始就有人站不稳现象，越高地震烈度区这种现象越普遍。

（5）被震醒的现象很普遍，从Ⅳ度区开始就有正在睡觉的人被震醒现象，从Ⅵ度区开始几乎近 100% 正在睡觉的人被震醒。

4. 器物反应资料分析

1）器物反应典型用语

（1）Ⅲ度区。

此地震烈度区共有 16 条信息，其中，汶川地震 14 条，其他地震 2 条。所提到的典型现象及描述用语有：①窗纱、中国结、电灯、灯笼等悬挂物微摇；②器物作响；③高层中鱼缸的水波动，桌椅微摇，电脑晃动，书架哗啦哗啦地响。

可见，Ⅲ度区器物反应最突出现象是：悬挂物微动；较高楼层中器物的反应要比低楼层处器物的反应强烈。

（2）Ⅳ度区。

此地震烈度区共有 41 条信息，其中，汶川地震 12 条，其他地震 29 条。所提到的典型现象及描述用语有：①灯笼、电灯等悬挂物晃动厉害；②桌、椅、柜子等器物摇动、作响；③放在桌边的小器物震落；④高层中水桶里的水晃动，鱼缸中的水洒出大半，抽屉滑出。

可见，Ⅳ度区器物反应最突出现象是：悬挂物明显摆动；器物作响；较高楼层中器物的反应要比低楼层处器物的反应强烈。

Ⅳ度区器物反应开始出现的现象是：有小器物震落；高层处鱼缸中的水开始溢出。

（3）Ⅴ度区。

此地震烈度区共有 65 条信息，其中，汶川地震 19 条，其他地震 46 条。所提到的典型现象及描述用语有：①电灯等悬挂物大幅度晃动、有的被震落；②写字台、书柜等器物作响；③摆放在高处或不稳定器物翻倒；④桌、椅、床、投影仪、电脑等器物明显摇晃；⑤饮水机、电视机、电脑显示器倾倒；⑥轻家具倒下；⑦器皿中的水震荡并外溢；⑧田里的水起浪；⑨商店货架上的小商品震落。

可见，Ⅴ度区器物反应最突出现象是：悬挂物大幅度摆动；轻的、重量分布不均匀的、摆放不稳定的、顶部沉重的器物摇晃或翻倒。

Ⅴ度区器物反应开始出现的现象是：货架上小商品开始震落，经统计震落的比例为 22%，即少数架上（如超市架上小商品）的小器物震落。此外，有个别顶部沉重的（如饮水机）器物开始倾倒。

（4）Ⅵ度区。

此地震烈度区共有 64 条信息，其中，汶川地震 39 条，其他地震 25 条。所提到的典型现象及描述用语有：①电灯等悬挂物大幅度、不规则的晃动，有的坠落；②写字台、书柜等器物作响；③瓶装物像洗发水、啤酒瓶等不稳定器物翻倒；④桌、椅、床、铁制卷柜、电视机、家具等剧烈摇晃或移位；⑤饮水机、铁制卷柜、立柜、电脑显示器、电视机、冰箱、音箱倾倒；⑥铁制卷柜被震开；⑦鱼缸中的水不断溢出；⑧河水震荡。

可见，Ⅵ度区器物反应最突出现象是：器物移动或翻倒；河水震荡。

Ⅵ度区器物反应开始出现的现象是：铁制卷柜、立柜移位或倾倒；河水震荡。

（5）Ⅶ度区。

此地震烈度区共有 98 条信息，其中，汶川地震 84 条，其他地震 14 条。所提到的典型现象及描述用语有：①电灯等悬挂物大幅度、不规则的晃动，坠落；②桌、椅、床、铁制卷柜、电视机、家具等剧烈摇晃、作响；③饮水机、铁制卷柜、电脑显示器、电视机、冰箱、洗衣机移位或倾倒；④瓶装物像洗发水、啤酒瓶等不稳定器物翻倒；⑤铁制卷柜、橱柜门被震开；⑥餐桌、钢琴、组合柜等重的家具移位；⑦河水起高浪。

可见，Ⅶ度区器物反应最突出现象是：物体从架子上掉落；饮水机、电脑显示器、电视机、铁制卷柜等器物移位或翻倒。

Ⅶ度区器物反应开始出现的现象是：重家具移位。

（6）Ⅷ度区。

此地震烈度区共有29条信息，其中，汶川地震26条，其他地震3条。所提到的典型现象及描述用语有：①电灯等悬挂物大幅度、不规则的晃动，坠落；②瓶装物像洗发水、啤酒瓶等不稳定器物翻倒；③桌、椅、床、饮水机、铁制卷柜、电脑显示器、电视机、冰箱、洗衣机移位或倾倒；④铁制卷柜、橱柜门被震开；⑤组合柜等重的家具移位；⑥河水起高浪并溅出。

可见，Ⅷ度区器物反应最突出现象是：饮水机、电脑显示器、电视机、铁制卷柜等器物翻倒。

Ⅷ度区器物反应开始出现的现象是：河水溅出。

（7）Ⅸ度区。

此地震烈度区共有50条信息，全部来自汶川地震。所提到的典型现象及描述用语有：①电灯等悬挂物大幅度、不规则的晃动，坠落；②瓶装物像洗发水、啤酒瓶等不稳定器物翻倒；③桌、椅、床、饮水机、铁制卷柜、电脑显示器、电视机、冰箱、洗衣机移位或倾倒；④铁制卷柜、橱柜门、抽屉被震开；⑤组合柜等重的家具移位、倾倒；⑥河水起高浪并溅出。

可见，Ⅸ度区器物反应最突出现象是：饮水机、电脑显示器、电视机、铁制卷柜、重家具等器物翻倒。

Ⅸ度区器物反应开始出现的现象是：重家具倾倒。

2）典型器物反应统计

我国家庭、办公室普遍有饮水机、电脑、电视机、立柜、铁制卷柜等器物；并且在汶川地震现场调查资料的分析中发现，不同地震烈度区它们存在共性的地方。因此，选取这些典型器物反应作为研究对象，具体反应情况见表4.2－9。

表4.2－9　典型器物不同地震烈度区的反应

地震烈度	饮水机	电脑显示器	电视机	立柜	铁制卷柜
Ⅴ度	个别倾倒	个别倾倒	个别倾倒	—	—
Ⅵ度	少数倾倒	少数倾倒	少数倾倒	少数倾倒	个别倾倒
Ⅶ度	多数倾倒	多数倾倒	多数倾倒	少数倾倒	少数倾倒
Ⅷ度	普遍倾倒	普遍倾倒	普遍倾倒	多数倾倒	多数倾倒
Ⅸ度	普遍倾倒	普遍倾倒	普遍倾倒	普遍倾倒	普遍倾倒

3）水的反应

将各地震烈度区中关于水的描述进行分析，并参看其他地震烈度表，特别是《欧洲
EMS-98》中有关水的描述，总结出各地震烈度区水的反应，见表4.2-10。

表4.2-10　各地震烈度区水的反应

地震烈度	水的反应
Ⅳ度	较高楼层处器皿中的水晃动
Ⅴ度	水晃动并从盛满的容器中溢出
Ⅵ度	池水晃动
Ⅶ度	水从容器和池子里溅出
Ⅷ度	河水震荡
Ⅸ度	河水溅出

4）不同楼层器物反应

在资料统计过程中发现，有许多例子可证明，同一栋大楼中，在较高楼层的器物要比低
楼层的反应强烈，例如，安县花荄镇移动公司办公大楼不同楼层器物反应照片如图4.2-1
所示。不同楼层器物反应信息数量见表4.2-11。资料主要集中在Ⅵ～Ⅹ度区，且9层以上
有关器物反应的描述较少。

表4.2-11　不同楼层器物反应统计数量

楼层位置	Ⅵ度	Ⅶ度	Ⅷ度	Ⅸ度	Ⅹ度	楼层信息总数
1~2层	19	35	9	26	5	94
3~5层	9	26	12	16	1	64
6~9层	2	10	0	6	0	18
9层以上	0	5	0	0	0	5
烈度区信息总数	30	76	21	48	6	181

将楼层分为：一类：1、2层；二类：3~5层；三类：6~9层。选取了8个典型的器物
及用语——饮水机、电视、立柜、铁制卷柜（简称书柜）、电脑显示器（简称电脑）、冰箱、
空调及其他器物，来分析不同楼层的器物反应。不同楼层器物反应的统计情况见表4.2-
12，从中发现，随楼层的增高，器物反应越来越强烈。

图 4.2 - 1　安县花荄镇移动公司办公大楼各楼层器物反应

（a）二层音箱倾倒；（b）三层叠放两柜子移位；（c）三层花盆倾倒；（d）三层柜子倾倒；
（e）三层饮水机倾倒；（f）三层文件柜偏离墙体；（g）四层柜子、饮水机倾倒；（h）四层桌子的抽屉抽出；
（i）四层会议室电视机倾倒；（j）四层会议室桌子倾倒；（k）四层空调倾倒

表 4.2－12　不同楼层典型器物反应的统计比例

地震烈度	楼层	饮水机	电视	立柜	书柜	电脑	冰箱	空调	其他
Ⅵ度	一类	(11%)	5%	(5%)	(5%)	5% (5%)	—	—	5% (58%)
	二类	(44%)	(33%)	(22%)	11%	(11%)	(11%)	—	11% (56%)
	三类	(100%)	(50%)	—	(50%)				(50%)
Ⅶ度	一类	3% (10%)	10% (6%)	(3%)	(3%)	(6%)	—	—	6% (65%)
	二类	4% (20%)	25% (20%)	8% (12%)	8% (16%)	(8%)		(12%)	(56%)
	三类	(11%)	22% (11%)	11% (11%)	—	(33%)	—		11% (56%)
Ⅷ度	一类	(25%)	(13%)	(13%)	—	—	13%	—	(75%)
	二类	(44%)	11% (44%)	22%	—	(33%)	11% (33%)	(11%)	22% (56%)
Ⅸ度	一类	(25%)	8% (25%)	13% (21%)	(17%)	(4%)	4% (13%)	—	13% (54%)
	二类	(53%)	6% (29%)	6% (59%)	(24%)	(24%)	(6%)	(18%)	(41%)
	三类	(33%)	33% (17%)	(50%)	(50%)	—	—	(33%)	(50%)
Ⅹ度	一类	(20%)	(20%)	(40%)	(20%)	(60%)	(60%)	—	(40%)

注：括号内数字表示器物倾倒的比例，括号外的数字表示器物移位的比例。

5. 器物反应总结

通过以上统计分析，得到如下器物反应总体结论：

（1）1 层较轻。

（2）2 层开始加剧，而且随着楼层的增高，反应越来越强烈，顶层反应最大。

（3）Ⅳ度就有抽屉被拉出的现象。

（4）从Ⅳ度开始就有小器物（如小摆设）掉落；并且在地震现场调查中观察到，Ⅶ度时小器物（如小摆设）普遍从架上掉落，特别是临街小超市中架上的瓶装物掉落的最为厉害。

（5）Ⅳ度时有高层处的水从器皿中溅出现象；Ⅵ度时大面积水池中的水震荡。

（6）饮水机、电脑显示器、电视机等顶部沉重的器物具有头重脚轻的特点，它们在Ⅴ~Ⅷ度区有不同的反应，应该作为一个指标。这类器物开始倾倒的门槛地震烈度为Ⅴ度，普遍倾倒的地震烈度是Ⅷ度。

（7）从Ⅴ度区开始吊灯、吊扇等悬挂物剧烈摇晃。

（8）铁制卷柜开始倾倒的门槛地震烈度为Ⅵ度，普遍倾倒的地震烈度为Ⅸ度。

（9）从Ⅵ度开始有大衣柜翻倒、移位现象，普遍倾倒在Ⅸ度。

（10）各地震烈度区内不同典型器物均有不同的反应，反应的强烈程度从高到低依次是饮水机、电脑显示器、电视机、立柜、铁制卷柜。也就是说，几何形状越规则、质量越大的器物越不容易倾倒，而几何形状越不规则、质量分布越不均匀的器物越容易倾倒。

4.3　人的感觉和器物反应地震烈度评定指标的修订

4.3.1　地震烈度表人的感觉评定指标的修改

GB/T 17742—2020 中人的感觉的评定指标见表 4.3 - 1，此表是在 GB/T 17742—2008 的基础上经修改给出的。

表 4.3 - 1　GB/T 17742—2020 中人的感觉评定指标

地震烈度	人的感觉
Ⅰ（1）	无感
Ⅱ（2）	室内个别静止中的人有感觉，**个别较高楼层中的人有感觉**
Ⅲ（3）	室内少数静止中的人有感觉，**少数较高楼层中的人有明显感觉**
Ⅳ（4）	室内多数人、室外少数人有感觉，少数人睡梦中惊醒
Ⅴ（5）	室内绝大多数、室外多数人有感觉，多数人睡梦中惊醒，**少数人惊逃户外**
Ⅵ（6）	多数人站立不稳，**多数人惊逃户外**
Ⅶ（7）	大多数人惊逃户外，骑自行车的人有感觉，行驶中的汽车驾乘人员有感觉
Ⅷ（8）	多数人摇晃颠簸，行走困难
Ⅸ（9）	行动的人摔倒
Ⅹ（10）	骑自行车的人会摔倒，处不稳状态的人会摔离原地，有抛起感

注：斜体加黑字代表 GB/T 17742—2020 中修订的内容。

其修改指标的主要内容和依据如下：

（1）由于本次没有收集到Ⅰ、Ⅻ度区的资料，并且收集到的Ⅹ、Ⅺ度区的资料非常少，无法给出较准确的结论。所以，在Ⅰ、Ⅹ度区保持原有 GB/T 17742—2008 中的描述，而在Ⅺ、Ⅻ度区不另外加入其他描述。

（2）Ⅱ度中有保留，有增加。

保留了"室内个别静止中的人有感觉"。因为，此次只收集到 2 条有关Ⅱ度区的资料，资料太少，不能给出较准确的结论，所以，保留此项。

增加了"个别较高楼层的人有感觉"的描述。因为，Ⅱ度区的信息表明，位于高层建筑特殊位置上的人确实有感觉。所以，综合考虑认为Ⅱ度区最突出的现象除室内个别静止中人有感觉外，还应包括个别较高楼层中的人有感觉。

（3）Ⅲ度中有保留，有增加。

保留了"室内少数静止中人有感觉"。由于此地震烈度区关于室内底层的资料非常的少，无法准确地给出室内静止中的人有感觉的比例，但是，信息中有 2 条信息描述了处于室内底层处人有感觉，又考虑到汶川地震发生时间接近下午上班时间，人们要么在工作、要么在路上赶去上班，以致处于完全静止的人比较少，按实际情况应该会有更多处于静止的人有感觉。因此，可以理解为室内少数静止中的人有感觉。所以，保留此项。

增加了"少数较高楼层中的人有明显感觉"的描述，原因有四：①通过表 4.2 - 4 中可以看出，较高楼层的人有感觉的比例为 30%。②较高楼层人感觉头晕和恶心的比例相对较大。③通过表 4.2 - 7 中可以看出，无论在哪个地震烈度区，基本上是随楼层的增高，人的感觉越来越强烈。尤其是在Ⅲ度区最为显著，并且非常普遍。④随着我国经济建设的发展，高层建筑等长周期的结构物越来越多，有的还建设在地震烈度较高的地区。综上所述，加入此项地震反应现象作为地震烈度评定标志。

（4）Ⅳ度中保留了原来的描述，没有做修改。

保留了"室内多数人有感觉"。通过表 4.2 - 4 可以看出，Ⅳ度时室内的人有感觉的比例为 45%，而数量用语定义中"多数"为 40%~70%，两个比例相符合。因此，认为"室内多数人有感觉"可以保留。

保留了"室外少数人有感觉"。通过表 4.2 - 4 可以看出，Ⅳ度时室外的人有感觉的比例为 15%，与此描述正好相符合，所以保留此项。

保留了"少数人梦中惊醒"。通过表 4.2 - 4 可以看出，人梦中惊醒的比例为 10%，与地震烈度表中的描述相符，所以，保留此项。

（5）Ⅴ度中有保留，有增加。

保留了"室内绝大多数人有感觉"。通过表 4.2 - 4 可以看出，Ⅴ度时室内人有感觉的比例为 95%，与地震烈度表中的描述相符，所以，保留此项。

保留了"室外多数人有感觉"。在收集到的资料中有关"室外的人"的描述非常少，不能给出较准确的比例，所以，保留此项。

保留了"多数人睡梦中惊醒"。从表 4.2 - 4 可以看出，Ⅴ度时人梦中惊醒的比例为 28%，属于少数，可能是大部分资料地震发生时间不是人们睡觉的时间，因此，关于惊醒的描述较少。但考虑到地震烈度表中各地震烈度之间评定的延续性，所以，保留此项。

增加了"少数人惊逃户外"。从表 4.2 - 4 可以看出，Ⅴ度时惊逃户外的比例为 43%，因此，加入此项的描述。

（6）Ⅵ度中有保留，有更改。

保留了"多数人站立不稳"。从表 4.2 - 4 可以看出，Ⅵ度时站立不稳的比例为 52%，与地震烈度表中的描述相符，所以，保留此项。

将"少数人惊逃户外"修改为"多数人惊逃户外"。从表4.2-4可以看出，Ⅵ度惊逃户外的比例为45%，而数量用语定义中"多数"为40%~70%，两个比例相符合。此外，从地震烈度表中各地震烈度之间评定的延续性看，此地震烈度区应该是"多数人惊逃户外"。所以对此项进行了修改。

（7）Ⅶ度中保留了原来的描述，没有做修改。

保留了"大多数人惊逃户外"。从表4.2-4可以看出，Ⅶ度时惊逃户外的比例达不到大多数的范围，但从地震烈度表中各地震烈度之间评定的延续性看，此地震烈度区应该是"大多数人惊逃户外"。所以，保留此项。

保留了"骑自行车的人有感觉，行驶中的汽车驾乘人员有感觉"。从表4.2-4可以看出，与此描述正好相符合，所以，保留此项。

（8）Ⅷ度中保留了原来的描述，没有做修改。

保留了"多数人摇晃颠簸，行走困难"。从表4.2-4可以看出，Ⅷ度时站不稳、行走困难的比例为64%，与此描述正好相符合，所以，保留此项。

（9）Ⅸ度中保留了原来的描述，没有做修改。

保留了"行动的人摔倒"。从表4.2-4可以看出，Ⅸ度时与此描述正好相符合，所以，保留此项。

4.3.2　地震烈度表器物反应评定指标的修改

GB/T 17742—2020中器物反应的评定指标见表4.3-2，此表是在GB/T 17742—2008的基础上经修改给出的。

表4.3-2　GB/T 17742—2020中器物反应评定指标

地震烈度	器物反应
Ⅲ（3）	悬挂物微动
Ⅳ（4）	悬挂物明显摆动，器皿作响
Ⅴ（5）	悬挂物大幅度晃动，*少数架上小物品、个别顶部沉重或*放置不稳定器物摇动或翻倒，*水晃动并从盛满的容器中溢出*
Ⅵ（6）	*少数轻家具和物品移动，少数顶部沉重的器物翻倒*
Ⅶ（7）	物体从架子上掉落，*多数顶部沉重的器物翻倒，少数家具倾倒*
Ⅷ（8）	*除重家具外，室内物品大多数倾倒或移位*
Ⅸ（9）	*室内物品大多数倾倒或移位*

注：斜体加黑字代表GB/T 17742—2020中修订的内容。

其修改指标的主要内容和依据如下：

（1）由于没有收集到Ⅰ、Ⅱ、Ⅻ度区有关器物反应资料，并且收集到的Ⅲ、Ⅹ、Ⅺ度区相关资料非常少，无法给出较准确的结论。所以，此次"修改指标"在 Ⅰ 、Ⅱ 、Ⅲ 、Ⅹ 、Ⅺ 、Ⅻ度区保持了 GB/T 17742—2008 中的内容，不另外加入其他内容。

（2）Ⅳ度中保留了原来的描述，没有做修改。

保留了"悬挂物明显摆动，器皿作响"。在Ⅳ度区有灯笼、电灯等悬挂物晃动厉害，桌、椅、柜子等器物摇动、作响的现象，这些现象都与此标志相符合，所以，保留此项。

（3）Ⅴ度中有保留，有增加。

保留了"悬挂物大幅度晃动"和"不稳定器物摇动或翻倒"。在Ⅴ度区有电灯等悬挂物大幅度晃动，投影仪、电脑等摆放在高处或不稳定器物翻倒的现象，这些现象都与此标志相符合，所以，保留此项。

增加了"少数架上小物品摇动或翻倒"，从汶川地震现场的调查中发现，商店或小超市货架上的小商品特别是瓶装物体等不稳定器物摇动或翻倒现象很普遍。并且，经统计Ⅴ度区小器物震落的比例为22%，即少数架上的小器物震落，这正好与此标志相符合。所以，增加此项。

增加了"个别顶部沉重器物摇动或翻倒"，从汶川地震现场的调查中发现，饮水机的反应非常具有代表性，其具有头重脚轻的特点，可代表如电脑显示器、电视机等顶部沉重的这类器物，并且在Ⅴ~Ⅷ度区有不同的反应，应该作为一个指标。并且从表4.2－9可以看出，Ⅴ度区饮水机有个别倾倒现象，这些都与此标准相符合，所以，增加此项。

增加了"水晃动并从盛满的容器中溢出"，这是依据地震资料中水的反应总结出来的，见表4.2－10。并且《欧洲 EMS-98》在Ⅴ度中也有这样的描述，所以，增加此项。

（4）Ⅵ度中有保留，有增加。

保留了"轻家具和物品移位"。在Ⅵ度区有桌、椅、床、铁制卷柜、电视机、家具等剧烈摇晃或移位的现象，这些现象正好与此标准是相一致。并且《欧洲 EMS-98》在Ⅵ度中也有这样的描述，所以，保留此项，并增加了数量词"少数"。

增加了"少数顶部沉重的器物翻倒"。从表4.2－9可以看出，在Ⅵ度区饮水机倾倒的比例为少数，与此标志是相一致的，所以，增加此项。

（5）Ⅶ度中有保留，有增加。

保留了"物体从架子上掉落"。在前文的分析中得出，Ⅶ度区器物反应最突出现象就包括"物体从架子上掉落"，所以，保留此项。

增加了"多数顶部沉重的器物翻倒"。从表4.2－9可以看出，在Ⅶ度区饮水机这类顶部沉重的器物倾倒的比例为多数，与此标志是相一致的。并且《欧洲 EMS-98》在Ⅶ度中也有这样的描述，所以，增加此项。

增加了"少数家具倾倒"。从表4.2－9可以看出，在Ⅶ度区立柜倾倒的比例为少数，与此标准相一致，所以，增加此项。

（6）Ⅷ度中有增加。

增加了"除重家具外，室内物品大多数倾倒或移位"。从表4.2－9可以看出，在Ⅷ度除了立柜和铁制卷柜等重家具外，其他器物几乎全部倾倒，这些现象与此标准是相一致的，所以，增加此项。

（7）Ⅸ度中有增加。

增加了"室内物品大多数倾倒或移位"。从表 4.2 - 9 可以看出，在Ⅸ度区就连立柜和铁制卷柜这样的重家具都几乎全部倾倒，这些现象与此标准是相一致的，所以，增加此项。

4.4　人的感觉和器物反应评定地震烈度的适用性

再次强调，在使用人的感觉和器物反应评定一次地震的地震烈度时应该注意，在 Ⅰ ~ Ⅴ度的低烈度区，一般无房屋建筑破坏或破坏现象不明显，无法用房屋建筑的破坏程度来评定地震烈度，这时人的感觉和器物反应可作为地震烈度评定的主要指标。在高烈度区，房屋建筑破坏明显，主要用房屋建筑的破坏程度来评定地震烈度，但对于一些新兴城市中 GB/T 17742—2020 未包含的建筑，诸如高层建筑和除Ⅶ设防以外的钢筋混凝房屋等，所占比重较大的情况，将无法用现有地震烈度表中的房屋建筑类型准确地评定地震烈度，此时，人的感觉和器物反应可作为辅助的参考指标。

第5章 依据生命线工程震害的地震烈度评定指标

将生命线工程震害作为地震烈度评定指标之一是 GB/T 17742—2020 的主要贡献之一。为此，前期开展了以下三方面的工作。

（1）对国际上主要的地震烈度表中关于生命线工程的评定指标进行了对比研究，包括《中国地震烈度表》（1980）（以下简称《中国 1980》）、GB/T 17742—1999《中国地震烈度表》、美国"修正麦加利地震烈度表"（以下简称《美国 M. M》）、欧洲的 MSK 地震烈度表（以下简称《欧洲 MSK》）、《欧洲地震烈度表》EMS（1998）（以下简称《欧洲 EMS-98》）和日本气象厅烈度表（以下简称《日本 JMA》）。讨论了这些地震烈度表中生命线工程震害的描述，探讨了在地震烈度标准中增加生命线工程震害评定指标的可行性。

（2）收集、总结了唐山、海城和汶川等地震中桥梁、供水管道、电气设备的震害资料。分析了桥梁震害与地震烈度、桥梁类型等的关系；分析了管道震害与地震烈度、管道直径、材料的关系，研究了汶川地震中供水系统功能状态与地震烈度的关系；分析了电力设备震害与地震烈度、安装方式的关系，研究了汶川地震中电力系统功能状态与地震烈度的关系。

（3）根据生命线工程震害和功能状态与地震烈度的关系研究结果，提出了依据生命线工程震害的地震烈度评定指标。

5.1 国内外地震烈度表中生命线工程震害评定指标对比分析

对国内外主要地震烈度表中关于生命线工程震害的评定指标进行了对比研究，包括《中国 1980》、GB/T 17742—1999、《美国 M. M》《欧洲 MSK》《欧洲 EMS-98》和《日本 JMA》。具体对比见表 5.1-1。

表 5.1-1 国内外主要地震烈度表中依据生命线工程震害评定指标的对比

地震烈度	《中国 1980》	GB/T 17742—1999	《美国 M.M》	《欧洲 MSK》	《欧洲 EMS-98》	《日本 JMA》
I～VI度	无	无	无	无	无	无
VII度						一些房子的煤气被自动关闭；极特殊情况下会有一些水管受损，水利设施中断；一些房子的电力设施中断
VIII度			破坏结构包括：高架水塔。严重至轻微损坏的结构包括：灌溉工程，堤坝			偶尔会有煤气管道或水利设施的干线遭到破坏（某些地区的煤气及水利设施中断）
IX度			严重至轻微损坏的结构包括：地下管道	地下管道受损		煤气管道或水利设施的干线遭到破坏
X度	基岩上的拱桥破坏	基岩上拱桥破坏	破坏结构包括：桥梁，隧道。严重至轻微损坏的结构包括：坝，铁轨	铁轨弯曲		偶尔会有煤气管道或水利设施的干线遭到破坏（某些地区电力设施中断，可能会有一些煤气设施或水利设施在大范围内中断）
XI度	基岩上的拱桥毁坏			水从毁坏的地下管道喷出		电力、水利及煤气设施在大范围内中断
XII度						

通过对比可以发现：

（1）在地震烈度为Ⅰ～Ⅵ度时，上述地震烈度表均没有生命线工程震害的内容。

（2）《欧洲 EMS-98》中没有生命线工程震害的相关内容。

（3）《中国 1980》中，Ⅹ度有"基岩上的拱桥破坏"，Ⅺ度时有"基岩上的拱桥毁坏"。

（4）GB/T 17742—1999 中，仅在Ⅹ度时有"基岩上拱桥破坏"。

（5）《欧洲 MSK》中，Ⅸ度时有"地下管道受损"，Ⅹ度时有"铁轨弯曲"，Ⅺ度时有"水从毁坏的地下管道喷出"。

（6）《美国 M. M》中，Ⅷ度时有"破坏结构包括：高架水塔。严重至轻微损坏的结构包括：灌溉工程，堤坝"，Ⅸ度时有"严重至轻微损坏的结构包括：地下管道"，Ⅹ度时有"破坏结构包括：桥梁，隧道。严重至轻微损坏的结构包括：坝，铁轨"。

（7）《日本 JMA》中，有专门的基础设施（生命线工程）的评定指标，从 5Lower 至 7 度（相当于Ⅶ～Ⅻ度）均有生命线工程震害的相关描述，见表 5.1－2。中日地震烈度大致对应关系如表 4.1－3 和 4.1－4 所示。

表 5.1－2 《日本 JMA》中生命线工程震害的描述

地震烈度	描述	备注
Ⅶ度	一些房子的煤气被自动关闭；极特殊情况下会有一些水管受损，水利设施中断；一些房子的电力设施中断	庭院和支线
Ⅷ度	偶尔会有煤气管道或水利设施的干线遭到破坏（某些地区的煤气及水利设施中断）	干线（偶尔）
Ⅸ度	煤气管道或水利设施的干线遭到破坏	干线
Ⅹ度	偶尔会有煤气管道干线遭到破坏或水利设施干线遭到破坏（某些地区电力设施中断、可能会有一些煤气设施或水利设施在大范围内中断）	干线（可能大范围）
Ⅺ度	电力、水利及煤气设施在大范围内中断	干线（大范围）
Ⅻ度		

总体来看，只有《日本 JMA》中专门有基础设施（生命线工程）的条目，涉及煤气、供水、电力等的破坏情况。其他大部分地震烈度表虽然没有具体的条目，但是都含有少量有关生命线工程震害的内容，包括桥梁、堤坝、地下管道、铁轨等。

通过上述对比分析，可以得到如下结论：

（1）在地震烈度表的修订中加入专门的基础设施（生命线工程）震害的评定指标是可行的。

（2）由于目前国内针对生命线工程震害与地震烈度的专门研究还很少，要在地震烈度表的修订中增加基础设施（生命线工程）震害的评定指标，应当以充分研究工作为基础。

（3）由于生命线工程种类繁多，选取适当的工程结构的震害来作为地震烈度的评定指标，是非常关键的。在开展专门研究的基础上，经过深入分析和研究，并参考了国内外的地震烈度表，最终选取了公路桥梁中的梁式桥和拱桥的典型震害、地下管道的典型震害和供水系统功能状态、部分电气设备的典型震害作为地震烈度的评定指标。

5.2　依据桥梁震害的地震烈度评定指标

桥梁，一般指架设在江河湖海上，使车辆行人等能顺利通行的构筑物。为适应现代高速发展的交通行业，桥梁亦引申为跨越山涧、不良地质或满足其他交通需要而架设的使通行更加便捷的构筑物。

5.2.1　桥梁分类与构成

（1）按用途分，有铁路桥、公路桥、公铁两用桥、人行桥、运水桥（渡槽）及其他专用桥梁（如通过管道、电缆等）。

（2）按跨越障碍分，有跨河桥、跨谷桥、跨线桥（又称立交桥）、高架桥、栈桥等。

（3）按采用材料分，有木桥、钢桥、钢筋混凝土桥、预应力混凝土桥、圬工桥（包括砖桥、石桥、混凝土桥）等。

（4）按桥面在桥跨结构的不同位置分，有上承式桥、下承式桥和中承式桥。上承式桥的桥面布置在桥跨结构的顶面，其桥垮结构的宽度可以较小，构造简单，桥上视线不受阻挡；下承式桥的桥面布置在桥跨构的下部，其建筑高度（自轨底至梁底的尺寸）较小，增加桥下净空，但桥跨结构较宽，构造比较复杂；中承式桥的桥面置于桥跨结构的中部，主要用于拱式桥跨结构。

（5）按桥梁长度分类：

①按多孔跨径总长分：特大桥（$L>1000\text{m}$）；大桥（$100\leqslant L\leqslant 1000\text{m}$）；中桥（$30<L<100\text{m}$）；小桥（$8\leqslant L\leqslant 30\text{m}$）。

②按单孔跨径分：特大桥（$L_k>150\text{m}$）；大桥（$40<L_k\leqslant 150\text{m}$）；中桥（$20\leqslant L_k\leqslant 40\text{m}$）；小桥（$5\leqslant L_k<20\text{m}$）。

（6）桥梁按照受力特点划分，有梁式桥、拱式桥、刚架桥、悬索桥、斜拉桥等。

①梁式桥以梁为主要承重构件的桥，一般建在跨度很大，水域较浅处，由桥柱和桥板组成，物体重量从桥板传向桥柱。梁式桥是应用最广泛的桥梁结构，梁式桥的桥身是用各种梁为承载结构，按照截面形式，可分为实腹梁和桁架梁。其中，实腹梁又分板梁和箱梁，当桥跨度大要求梁增大高度时，为节省材料，实心梁逐渐演变为工字梁等空心梁，然后把梁的横截面做成薄壁箱形，既节约材料、重量，又保证强度。

梁式桥（图5.2-1）包括简支梁桥、悬臂梁桥、连续梁桥。其中，简支板梁桥跨越能力最小，一般一跨在8~20m。连续梁桥国内一般最大跨径在200m以下，国外已达240m。

A. 简支梁桥。上部结构由两端简单支承在墩台上的主要承重梁组成的桥梁。简支梁是静定结构，相邻各跨单独受力，结构受力比较单纯，不受支座变位等影响，适用于各种地质情况，构造也较简单，容易做成标准化、装配化构件，制造、安装都较方便，是一种采用最广泛的梁式桥。但简支梁的跨中弯矩将随跨径增大而急剧增大，因而大跨径时就显得不经济。

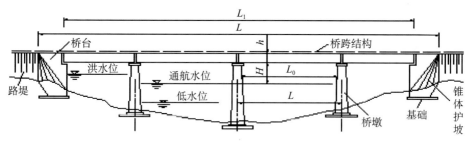

图 5.2 - 1　梁式桥示意图

B. 连续梁桥。上部结构由连续跨过三个以上支座的梁作为主要承重结构的桥梁。这种桥在恒载作用下，由于支点负弯矩的卸载作用，跨中最大正弯矩显著减小，因此用在较大跨径时较简支梁桥经济。连续梁在每个墩台上只需设一个支座，桥墩宽度小，节省材料；而且梁连续通过支座，接缝少，行车平顺，因此对高速行车有利。但连续梁为超静定结构，支座变位将引起结构内力的变化，适用于地质良好的桥位处，可用钢筋混凝土、预应力混凝土和钢材等建成。

C. 悬臂梁桥。上部结构由锚固孔、悬臂和悬挂孔组成，悬挂孔支承在悬臂上，用铰相联。有单悬臂梁桥（三跨构成，中跨较大以满足通航要求）和双悬臂梁桥（可构成多跨的长大梁桥）。

②拱式桥（图 5.2 - 2）指的是在竖直平面内以拱作为结构主要承重构件的桥梁，一般建在跨度较小的水域之上，桥身成拱形，一般都有几个桥洞，起到泄洪的功能。拱式桥在竖向荷载作用下，两端支承处产生竖向反力和水平推力，正是水平推力大大减小了跨中弯矩。弯曲的拱肋承受压力，将压力传到支座，拱的支座要同时承受竖向压力和横向推力，因此对基础和地基的要求高，如果用系杆将两个拱脚连接，作用在拱脚的水平推力就由拉杆承受，可减轻对地基的荷载，在不良地基上很有用，使跨越能力增大。理论推算，混凝土拱极限跨度在 500m 左右，钢拱可达 1200m。

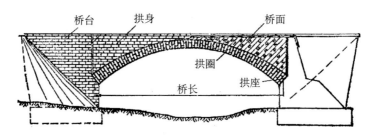

图 5.2 - 2　拱式桥结构示意图（石拱桥）

拱式桥按桥身相对拱肋的位置，分别为上承式、中承式和下承式（图 5.2 - 3）。

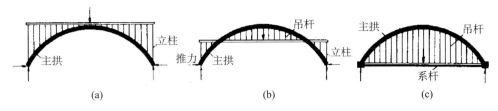

图 5.2-3　拱式桥的几种类型

（a）上承式拱；（b）中承式拱；（c）系杆拱（下承式）

③刚构桥（图 5.2-4）。主要承重结构采用刚构的桥梁，即梁和腿或墩台身构成刚性连接。刚构桥的主要承重结构是梁与桥墩固结的刚架结构，由于墩梁固结，使得梁和桥墩整体受力，桥墩不仅承受梁上荷载引起的竖向压力，还承担弯矩和水平推力。刚构桥在竖向荷载作用下，梁的弯矩通常比同等跨径连续梁或简支梁小，其跨越能力大于梁桥；墩梁固结省去了大型支座，结构整体性强、抗震性能好。因此，预应力混凝土刚构桥是目前大跨径桥梁的主要桥型，主要有门式刚构桥、斜腿刚构桥、T形刚构桥和连续刚构桥。

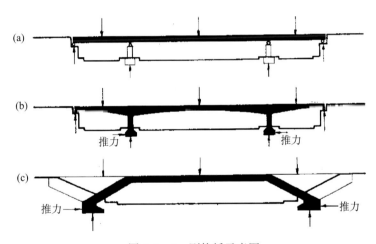

图 5.2-4　刚构桥示意图

（a）梁式桥（梁与墩台分离）；（b）刚构桥（梁与墩连为一体）；（c）刚构桥（梁与台连为一体）

④悬索桥（图 5.2-5）是以承受拉力的缆索或链索作为主要承重构件的桥梁，由悬索、索塔、锚碇、吊杆、桥面系等部分组成。悬索桥的主要承重构件是悬索，它主要承受拉力，一般用抗拉强度高的钢材（钢丝、钢缆等）制作。由于悬索桥可以充分利用材料的强度，并具有用料省、自重轻的特点，因此悬索桥在各种体系桥梁中的跨越能力最大，跨径可以达到 1000m 以上。1998 年建成的日本明石海峡桥的跨径为 1991m，是世界上跨径最大的悬索桥。悬索桥的主要缺点是刚度小，在荷载作用下容易产生较大的挠度和振动，需注意采取相应的措施。

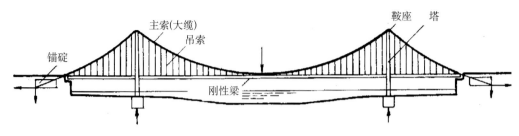

图 5.2-5　悬索桥示意图

　　⑤斜拉桥（图 5.2-6）又称斜张桥，是将主梁用许多拉索直接拉在桥塔上的一种桥梁，是由承压的塔、受拉的索和承弯的梁体组合起来的一种结构体系。其可看作是拉索代替支墩的多跨弹性支承连续梁。其可使梁体内弯矩减小，降低建筑高度，减轻了结构重量，节省了材料。斜拉桥主要由索塔、主梁、斜拉索组成。

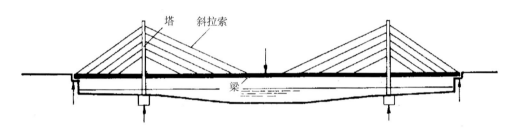

图 5.2-6　斜拉桥示意图

　　桥梁（图 5.2-7）一般由上部构造、下部结构、支座和附属构造物组成，上部结构又称桥跨结构，是跨越障碍的主要结构；下部结构包括桥台、桥墩和基础；支座为桥跨结构与桥墩或桥台的支承处所设置的传力装置；附属构造物则指桥头搭板、锥形护坡、护岸、导流工程等。

　　一般讲，桥梁由五大部件和五小部件组成。五大部件是指桥梁承受汽车或其他车辆运输荷载的桥跨上部结构与下部结构，是桥梁结构安全的保证。包括：①桥跨结构（或称桥孔结构、上部结构）；②桥梁支座系统；③桥墩、桥台；④承台；⑤挖井或桩基。五小部件是指直接与桥梁服务功能有关的部件，也称为桥面构造。包括：①桥面铺装；②防排水系统；③栏杆；④伸缩缝；⑤灯光照明。另外，大型桥梁附属结构还可能有桥头堡、引桥等设置。

　　上部结构指的是桥梁支座以上（无铰拱起拱线或框架主梁底线以上）跨越桥孔部分的总称。是线路遇到障碍（如河流、山谷或其他线路等）而中断时，跨越这类障碍的结构物，它直接承担使用荷载。包括桥面板、桥面梁，以及支撑他们的结构构件，如大梁、拱、悬索，其作用是承受桥上的行人和车辆。

　　下部结构为桥墩、桥台、支座和基础。桥墩和桥台用来支承上部结构，并将其传来的恒载和车辆活载传至基础。设置在桥跨中间部分的称为桥墩，设置在桥跨两端与路堤相衔接的称为桥台。桥台除了上述作用外，还起到了抵御路堤的土压力及防止路堤的滑塌等作用。单孔桥只有两端的桥台，没有中间的桥墩。

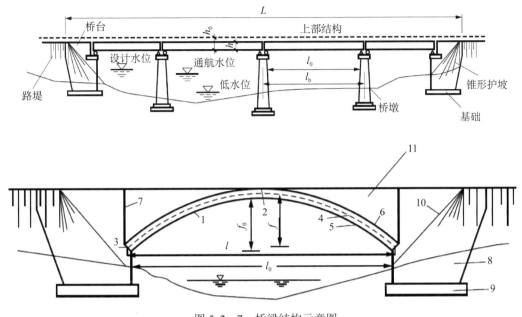

图 5.2 - 7　桥梁结构示意图

1—拱圈；2—拱顶；3—拱脚；4—拱轴线；5—拱腹；6—拱背；
7—变形缝；8—桥台；9—基础；10—锥坡；11—供上结构

5.2.2　桥梁典型震害

　　从破坏机理来说，地震引起的桥梁震害可分为直接震害和间接震害两种类型。直接震害是由于地震作用引起桥梁结构的动力响应过大，而导致的桥梁结构破坏。间接震害主要是指在地震中，因地震引发的地质灾害导致的桥梁破坏。据统计，桥梁直接震害有：全桥垮塌、梁式桥主梁移位、梁式桥支座移位和变形、主梁开裂、主梁落梁、桥墩受损、拱桥主拱圈受损、拱桥横向连接系受损、拱上建筑震害等。间接震害有：山体垮塌、滑坡砸毁或掩埋桥梁，泥石流冲毁桥梁，堰塞湖淹没桥梁等。总结地震中的桥梁震害特点，将桥梁震害分为如下几类，图 5.2 - 8 至图 5.2 - 17 给出了桥梁的部分震害照片。

图 5.2 - 8　桥墩震害

图 5.2 - 9　桥台震害

图 5.2 - 10　梁体横向移位

图 5.2 - 11　落梁

图 5.2 - 12　挡块破坏

图 5.2 - 13　支座震害

图 5.2 - 14 拱圈震害

图 5.2 - 15 伸缩缝震害

图 5.2 - 16 拱上结构震害

图 5.2 - 17 间接震害

1. 地基基础震害

地基与基础的严重破坏将会导致桥墩倾斜、下沉、甚至发生落梁和桥梁倒塌，同时地基基础震害也是震后最难修复的震害之一。岸坡滑移和砂土液化是桥梁地基失效的两种主要现象，严重的岸坡滑移和砂土液化甚至会直接导致桥梁的毁坏。

2. 桥墩震害

桥梁的上部承重构件主要由桥墩来支撑，而上部结构相对桥墩来说，刚度较大，因此桥梁具有上刚下柔的结构特点，这就使得桥墩极易出现破坏。在地震中，桥墩的严重破坏将会直接导致桥梁失去使用功能，甚至发生落梁和桥梁整体倒塌。桥墩的震害主要有：墩身、盖梁、系梁以及节点开裂；墩顶出现塑性铰；桥墩倾斜、沉降；剪断、压溃等。

3. 桥台震害

由于河岸的滑移对桥台产生巨大推力，使桥台成为全桥破坏最严重的部位。主要震害现象有桩柱式桥台的桩柱倾斜、折断、开裂；重力式桥台的胸墙开裂、下沉、转动、侧墙开裂、桥头引道下沉等。

4. 梁体纵横向移位

梁体移位震害是地震中最常见的震害之一，梁体的纵横向移位将会导致支座破坏、挡块破坏和落梁。引起梁体纵横向移位的主要原因有：地震惯性力使梁体与桥墩发生相对移动、桥墩之间发生相对位移、倾斜和沉降等。

5. 落梁

落梁形式有三种：①由于桩墩倾倒引起落梁，其表现形式为梁与桩柱沿纵向向同一方向滑移，桥墩倾斜直到倾倒，梁落地，倒地后桩墩被压在梁下。②纵向落梁，梁与桩柱之间的相对错位超出盖梁宽度而造成落梁，梁纵移但柱直立。当有桥墩折断倾倒时，断墩多压在落梁之上，说明落梁在断墩之先。③横向落梁，表现形式是上部结构出现较大横向移动和转动，当梁一端的横移量大于盖梁长度时，梁从墩顶横向落下。

6. 挡块和支座破坏

梁体与桥墩是通过支座和挡块等防落梁构造而连接在一起的，这样可以有效防止地震时梁体移位过大而导致落梁。支座和挡块震害是桥梁震害中最常见的震害之一，梁体的纵横向移位与支座和挡块破坏是相互影响的，移位导致支座和挡块破坏，支座和挡块的破坏会导致更大的移位，甚至产生落梁现象。典型的盆式和板式橡胶支座损坏形式主要有：严重残余剪切变形、卷曲、脱空、滑移、四氟板破坏、锚栓破坏、上下钢盆错位、钢盆连接破坏。典型的挡块破坏形式主要有：开裂、剪断。

7. 上部结构本身的震害

地震导致的上部结构本身的破坏相对较轻，一般是：两邻跨梁梁端撞击，局部砸碎，挤坏；支座脱落造成梁底碰坏；梁纵横移位造成桥面铺装开裂；柱杆损坏等。

8. 拱圈破坏

拱圈作为承受拱桥上部结构荷载的主要构件，其重要程度不言而喻，拱桥的破坏程度主要是由拱圈的破坏程度来决定的。拱圈震害的主要形式有：全桥垮塌、拱圈开裂，对于填土高度较大的实腹拱和桥台较高的空腹拱，还可能出现纵向开裂，对于中承式肋拱桥还出现了横向连接系震害。

9. 拱上结构破坏

拱上结构主要由桥面板、拱上横墙和立柱、腹拱圈等组成。实腹式拱桥拱上结构的震害形式主要是侧墙开裂和垮塌，以侧墙开裂居多。空腹式拱上结构的震害形式主要有腹拱、横墙开裂，尤其是与桥台相接的腹拱拱顶或拱脚更易开裂。梁式拱上结构的主要震害是立柱开裂。

10. 其他震害

除了承重构件的震害外，非结构构件也有很多震害现象，如：扶手护栏破坏、伸缩缝的破坏、引桥的破坏等。这些震害虽然不致使桥梁发生严重破坏，但是大量非结构构件的破坏会加重桥梁的损失，并影响到桥梁的行车安全，因此也应重视。

11. 间接震害

主要表现为山体滑坡、崩塌砸毁或掩埋桥梁，泥石流冲毁桥梁，堰塞湖淹没桥梁等；在汶川地震中，此类震害尤其严重。

5.2.3　桥梁震害的地震烈度评定指标

1. 建议的烈度评定指标

我国公路网络十分发达，公路桥梁广泛遍布其中、数以十万计，在历次大地震中有大量公路桥梁发生破坏，将公路桥梁的震害程度作为一种地震烈度评定的辅助指标非常具有实用价值，尤其在野外或人烟稀少地区，房屋建筑数量很少，这时评定地震烈度有较大困难，但区域内很可能有公路桥梁分布。然而，我国历代地震烈度表对于桥梁震害关注很少，仅有零星描述，目前依据公路桥梁震害评定地震烈度的研究还很少见。为此在全面统计分析汶川地震中近 2000 座具有翔实震害资料的公路桥梁基础上，以公路桥梁破坏等级和典型震害的形式，提出了评定地震烈度的建议指标。

将用于评定烈度的桥梁分为拱桥和梁桥两大类。从设计年代来看，灾区桥梁绝大多数（约占 85%）为 1989 年之后所建造；从抗震设防水平来看，多数桥梁震前设防烈度为Ⅶ度，但也有相当一部分未经设防（如一些小桥及不少圬工拱桥）或采用其他设防水平（如广元地区附近的部分桥梁为Ⅵ度设防）；而拱桥绝大多数为圬工材料建造，钢筋混凝土拱桥不足10%，梁桥也绝大多数为简支梁桥，连续梁桥也较少，不足 7%。为了把全部调查数据都利用起来，还不宜对桥梁做过细划分，暂仅考虑不同桥型之间的易损性差异。

利用汶川地震中公路桥梁易损性矩阵（表 5.2 - 1 和表 5.2 - 2），提出了一套依据公路桥梁破坏等级评定地震烈度的建议指标，见表 5.2 - 3。

表 5.2 - 1　拱桥易损性矩阵（%）

拱桥	基本完好	轻微破坏	中等破坏	严重破坏	毁　坏
Ⅵ度	90.1	7.3	2.3	0.3	0
Ⅶ度	57.2	34.6	7.0	1.2	0
Ⅷ度	40.0	20.0	28.6	11.4	0
Ⅸ度	27.9	19.7	27.9	19.7	4.8
≥Ⅹ度	7.7	17.3	26.9	36.6	11.5

表 5.2 - 2　梁桥易损性矩阵（%）

梁桥	基本完好	轻微破坏	中等破坏	严重破坏	毁　坏
Ⅵ度	91.4	7.9	0.7	0	0
Ⅶ度	48.9	48.1	3.0	0	0
Ⅷ度	33.8	53.9	11.0	0.7	0.6
Ⅸ度	21.5	16.7	51.0	9.8	1.0
≥Ⅹ度	4.8	20.5	47.0	19.3	8.4

表 5.2-3　依据公路桥梁破坏等级评定地震烈度的建议指标

地震烈度	桥梁类型	桥梁震害程度
Ⅵ度	梁桥	个别轻微破坏和中等破坏，绝大多数基本完好
	拱桥	个别轻微破坏和中等破坏，绝大多数基本完好
Ⅶ度	梁桥	个别中等破坏，绝大多数基本完好和轻微破坏
	拱桥	个别中等破坏和严重破坏，绝大多数基本完好和轻微破坏
Ⅷ度	梁桥	个别严重破坏和毁坏，少数中等破坏，多数轻微破坏
	拱桥	少数严重破坏，多数中等破坏和轻微破坏
Ⅸ度	梁桥	个别严重破坏和毁坏，多数中等破坏
	拱桥	少数严重破坏和毁坏
≥Ⅹ度	梁桥	少数严重破坏和毁坏，多数中等破坏
	拱桥	多数严重破坏和毁坏

注：数量词的界定，"个别"为 10% 以下；"少数"为 10%~45%；"多数"为 40%~70%；"大多数"为 60%~90%；"绝大多数为 80% 以上。

宏观震害程度是划分桥梁破坏等级的主要依据，既然可以依据桥梁破坏等级提出一套评定地震烈度的建议指标，同样也可以依据宏观震害（如典型震害类型及其破坏程度）提出一套相应的建议指标。

1）拱桥

对于拱桥，可优先选用破坏概率与地震烈度相关性良好并且易于现场操作的护栏及扶手破坏、桥台破坏两种震害类型作为评定地震烈度的指标。另外，以垮塌或濒于垮塌作为迈入高烈度区的现象标志。按照数量词用语的界定，可得以上三种震害与地震烈度的对应关系，见表 5.2-4。

表 5.2-4　拱桥典型震害与地震烈度的对应关系

地震烈度	震害类型		
	桥台破坏	护栏及扶手破坏	垮塌或濒于垮塌
Ⅵ度	个别	个别	无
Ⅶ度	少数	个别	无
Ⅷ度	少数	少数	无
Ⅸ度	少数	多数	个别
≥Ⅹ度	多数	大多数	少数

注：数量词的界定，"个别"为 10% 以下；"少数"为 10%~45%；"多数"为 40%~70%；"大多数"为 60%~90%；"绝大多数为 80% 以上。

同时，主拱圈作为拱桥最为关键构件且震害发生概率最高，可利用主拱圈在不同地震烈度下的破坏程度来配合地震烈度评定工作。综合考虑震害，遵循简单、可靠、实用的原则，提出了依据拱桥典型震害评定地震烈度的建议指标，见表 5.2-5。

表 5.2-5　主拱圈震害程度与地震烈度的对应关系

地震烈度	主拱圈震害程度
Ⅵ度	个别主拱圈出现裂缝
Ⅶ度	个别主拱圈开裂严重和变形
Ⅷ度	少数主拱圈开裂严重
Ⅸ度	个别主拱圈垮塌或濒于垮塌
≥Ⅹ度	少数主拱圈垮塌或濒于垮塌

注：数量词的界定，"个别"为10%以下；"少数"为10%~45%；"多数"为40%~70%；"大多数"为60%~90%；"绝大多数为80%以上。

2）梁桥

对于梁桥，可优先选用震害概率与地震烈度相关性良好并且易于现场操作的挡块破坏和桥墩破坏作为评定地震烈度的指标，以落梁作为迈入高烈度区的宏观现象标志。按照数量词用语的界定，可得以上三种震害与地震烈度的对应关系，见表 5.2-6。

表 5.2-6　梁桥典型震害与地震烈度的对应关系

地震烈度	震害类型		
	挡块破坏	桥墩破坏	落　梁
Ⅵ度	个别	个别	无
Ⅶ度	少数	个别	无
Ⅷ度	多数	个别	无
Ⅸ度	多数	个别	个别
≥Ⅹ度	大多数	少数	个别

注：数量词的界定，"个别"为10%以下；"少数"为10%~45%；"多数"为40%~70%；"大多数"为60%~90%；"绝大多数为80%以上。

为了使建议指标更加可靠而实用，再利用梁体和桥墩两种关键构件的破坏程度来配合地震烈度评定工作。按照数量词用语的界定，可得梁体和桥墩破坏程度与地震烈度的对应关系，见表5.2-7。

表5.2-7　梁体和桥墩震害程度与地震烈度的对应关系

地震烈度	梁体震害程度	桥墩震害程度
Ⅵ度	个别梁体移位、开裂	个别桥墩开裂
Ⅶ度	少数梁体移位、开裂	个别桥墩开裂
Ⅷ度	个别梁体移位、开裂	个别桥墩出现贯通裂缝、局部压溃
Ⅸ度	个别梁体严重移位和落梁	个别桥墩出现贯通裂缝、局部压溃
≥Ⅹ度	少数梁体严重移位和落梁	个别桥墩折断和严重压溃

注：数量词的界定，"个别"为10%以下；"少数"为10%～45%；"多数"为40%～70%；"大多数"为60%～90%；"绝大多数为80%以上。

综合上述分析结果，提出了依据梁桥典型震害评定地震烈度的建议指标，见表5.2-8。

表5.2-8　依据公路桥梁典型震害评定地震烈度的建议指标

地震烈度	桥梁类型	桥梁震害程度
Ⅵ度	梁桥	个别挡块破坏
	拱桥	个别桥台开裂或栏杆扶手破坏，个别主拱圈出现裂缝
Ⅶ度	梁桥	少数挡块破坏
	拱桥	少数桥台开裂，个别主拱圈开裂严重和变形
Ⅷ度	梁桥	多数挡块破坏，个别桥墩出现贯通裂缝、局部压溃
	拱桥	少数主拱圈开裂严重
Ⅸ度	梁桥	个别梁体严重移位和落梁
	拱桥	个别垮塌或濒于垮塌
≥Ⅹ度	梁桥	少数梁体严重移位和落梁，个别桥墩压溃或折断
	拱桥	少数垮塌或濒于垮塌

注：数量词的界定，"个别"为10%以下；"少数"为10%～45%；"多数"为40%～70%；"大多数"为60%～90%；"绝大多数为80%以上。

2. GB/T 17742—2020《中国地震烈度表》确定的地震烈度评定指标

在 GB/T 17742—2020《中国地震烈度表》的编写过程中,编写组针对依据桥梁震害评定地震烈度的指标,进行反复而深入的讨论,最终形成了 GB/T 17742—2020《中国地震烈度表》中的相关描述,见表 5.2 - 9。

表 5.2 - 9　依据桥梁震害评定地震烈度的描述

地震烈度	震害描述
Ⅵ (6)	个别梁桥挡块破坏,个别拱桥主拱圈出现裂缝及桥台开裂
Ⅶ (7)	少数梁桥挡块破坏,个别拱桥主拱圈出现明显裂缝和变形以及少数桥台开裂
Ⅷ (8)	少数梁桥梁体移位、开裂及多数挡块破坏,少数拱桥主拱圈开裂严重
Ⅸ (9)	个别梁桥桥墩局部压溃或落梁,个别拱桥垮塌或濒于垮塌
Ⅹ (10)	个别梁桥桥墩压溃或折断,少数落梁,少数拱桥垮塌或濒于垮塌

由于桥梁分布没有房屋建筑那么众多和密集,其破坏的影响因素也很多,因此难以总结出明确的规律性,而且震害事例也没有房屋建筑那么丰富,依据桥梁震害评定地震烈度还需要更加深入的研究,就目前的情况而言,有如下几点认识:

(1) 公路桥梁在我国分布较为广泛、数量众多,且地震易损性较高,可以将其震害现象作为一种评定地震烈度的辅助指标,尤其适用于人烟稀少地区或无人区,缺少一定规模数量的房屋建筑,但有公路桥梁分布的情况。

(2) 公路桥梁不像房屋建筑那么聚集,相对比较分散,可能几平方千米以内没有 1 座,也可能只有几座,因此,还不能像利用房屋建筑震害评定地震烈度那样有明确的评估范围(一个自然村或 1km² 的街区)。现场评估时对于具体数量和评估范围还宜灵活处理。

(3) 目前的评定指标主要适用于圬工拱桥和简支梁桥,对于钢筋混凝土拱桥和连续梁桥也可作为一种参考。此外,该指标主要是基于一次地震(汶川地震)中公路桥梁的破坏情况总结提出,带有一定的局限性(如场地特性、地震特性等),还需在今后工作实践中检验及完善。

(4) 依据桥梁震害的地震烈度评定,因为专业性较强,适用于震害经验丰富、熟练掌握桥梁震害现象的地震工作者和工程师,对于一般的技术人员,需要加强该方面的专业知识培训。

5.3　依据供水管道震害的地震烈度评定指标

供水管网是城镇供水系统的重要组成部分,历史地震表明,各类供水管道的地震破坏是造成供水系统功能下降或失效的主要原因。经过几十年的研究和探索,对于各类供水管道的抗震性能以及地震破坏特征、规律已经有了比较好的把握,因此可以将其作为地震烈度的辅助评定指标之一。

5.3.1 供水管网简介

城镇供水管网一般由原水管道和配水管网组成，其中原水管道是从水源地将未加处理的原水输送到水处理厂，经处理后的水再由配水管网输送到用户。配水管网由主干管道、支线管道、庭院管道以及入户管道构成，其中主干管道和支线管道一般沿街路采用地下敷设方式修建，包含不同种类管材的管道，主要有灰口铸铁管、球墨铸铁管、钢管、钢筋混凝土管、PE 管、PVC 管以及 PPR 管等。由于不同材质管道的管材力学性能、接口形式以及接口材料等的不同，导致不同管材管道的综合性能有很大差异。

1. 灰口铸铁管

灰口铸铁管为用铸铁浇筑成型的管道。由于接口多为刚性接口，因此接口处不允许有任何角度变化，一旦发生地震，灰口铸铁管的承插口就会产生破裂而漏水，由于灰口铸铁管在运用过程中常产生漏水、爆管等现象，因此逐渐被其他管材管道所取代。

2. 球墨铸铁管

球墨铸铁管中的石墨是以球状形态存在的，球墨铸铁管有较高的抗弯强度、延展率和抗拉强度，能抵御一定的地震作用；球墨铸铁管的接口为柔性接口，地震来临时柔性接口可吸收部分地震作用，接口一旦发生震害，修复也比较方便。球墨铸铁管的本质为铁质材料，性能与钢相似，球墨铸铁管抗震性能较好。

3. 钢管

钢管材质较轻，韧性好，弹性模量高，有较高的强度。钢管接口一般采用焊接的形式。钢管道的抗震性能较好，但钢管防腐要求严格，年代久远的钢管道会由于腐蚀等原因抗震性能大幅下降。

4. 钢筋混凝土管

钢筋混凝土管抗压能力强，具有耐腐蚀、造价低的特性。但由于质量大，运输和安装比较困难。钢筋混凝土管道抗震性能受管道接口方式影响较大。

5. PE 管

PE 管即聚乙烯管。PE 管密度小，便于运输和安装；韧性强，有较好的低温抗冲击性；可耐多种化学物质的侵蚀，有良好的耐腐蚀能力；PE 管道连接方式一般为热熔连接，接口抗拉强度高于管材本身；PE 管使用寿命较长，抗震性能也较好。

6. PVC 管

PVC 管中的主要成分为聚氯乙烯。PVC 管具有重量轻、内壁光滑、韧性强、安全性高等特性。PVC 管安装方便，经济效益显著。PVC 管道接口连接方式一般为热熔连接。

7. PPR 管

PPR 管有较高的可塑性，具有管壁光滑、不结垢、不渗透、耐腐蚀等特性，PPR 管价格适中，施工技术要求较高，PPR 管接口连接方式一般为热熔连接。

　　PE 管、PVC 管、PPR 管均为塑料管，塑料管材的管道因为重量轻、运输方便、强度高、施工和维护简便等优点，使得塑料管使用寿命较长，塑料管道一般采用热熔的连接方式，这种连接方式可使管网成一体化，管道连接处的抗拉强度高于管体本身，在地震发生的过程中不易出现接口损坏的情况。近些年塑料管因具有众多良好特性得到人们的青睐，被广泛应用于城镇供水系统中。

　　图 5.3－1 为某城市供水主干管网平面分布示意图。

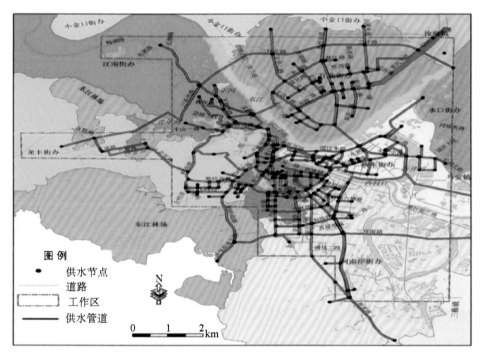

图 5.3－1　某城市供水主干管网平面分布示意图

5.3.2　供水管道地震破坏形式

供水管道的地震破坏形式主要有以下几种：

（1）管线接口破坏：如承插式铸铁管、水泥管接口处填料松动，插头拔出或承口破坏，连续式钢管在焊缝连接处开裂，法兰螺栓松动等，如图5.3-2至图5.3-5所示。

图 5.3-2　铸铁管管道法兰连接破坏漏水

图 5.3-3　套管连接处破裂

图 5.3-4　承插连接处裂缝

图 5.3-5　承口破坏

（2）管体本身破坏：如钢筋混凝土管、水泥管及铸铁管，管体出现了纵向和斜向的裂缝，以及铺设于断裂带附近的管道、小口径的钢管和锈蚀严重的铸铁管的管体发生折断等，如图 5.3-6 和图 5.3-7 所示。

图 5.3-6　锈蚀管体折断

图 5.3-7　管体横向裂缝

（3）连接部位破坏：如在三通弯头、阀门以及管道与一些构筑物的连接处，及一些相应的连接部件的破坏，如图 5.3-8 至图 5.3-11 所示。

图 5.3-8　阀门连接处破坏

图 5.3-9　丁字连接处破坏

图 5.3 - 10　庭院管道连接处破坏　　　　　　　图 5.3 - 11　庭院管道爆管

在上述三种形式的破坏中，管体本身的破坏主要是由于管体本身缺陷和锈蚀严重，或是地面断裂、滑坡等严重的地质灾害所引起；连接形式的破坏主要是由于应力集中或相对运动的不一致而造成；管线接口处的破坏是由于接口变形能力不足或强度不足造成的，且是这三种破坏形式中最常见的。

5.3.3　供水管道地震破坏影响因素

供水管网的铺设区域大，跨越的区域各不相同，在每一个区域中，其场地条件也是不同的，加之一些不利场地条件（如断层破裂、砂土液化、软土震陷、地基的不均匀沉降等）的影响，以及地震波传播效应产生的土层波动变形作用等，都可能导致地下供水管道的破坏。归纳起来，对管线震害影响的主要因素包括：

1. 地震烈度（地震加速度峰值）

如图 5.3 - 12 中所示，供水管线的震害随地震烈度（地震加速度峰值）的增大而加重，主要是因为地下管线对地面应变的影响十分敏感，地下管线随地应变的增大而破坏加重。地下管线的动应力不仅与地应变的峰值有关，而且与地震动频谱特性有关，尤其是对低频成分非常敏感。地震波的低频成分愈丰富，所激起的地下管线动应力就越大。

2. 工程地质条件

工程地质条件对地下管线的影响很大。汶川地震震害调查表明：地下管线在较低烈度下软弱场地的震害率有可能高于在较高烈度下的坚硬场地。如广元朝天区虽然处于Ⅶ度区，但管道的震害率却很高，经过地质考察发现，该地区的地基土是土壤与岩石共存，场地土性差异较大，导致较大的不均匀沉降，使管道产生较严重的破坏。日本 1982 年本浦河地震时的调查统计结果表明，在坚硬场地的地下管线震害率较小，而在软弱场地的要严重很多。总体来说，敷设于软土中的管道比敷设在硬土中的管道更容易发生破坏，原因是在同样强度地震

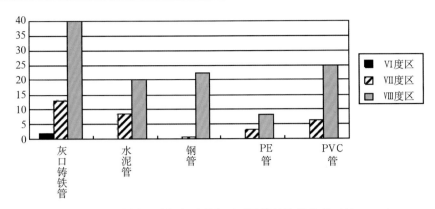

图 5.3 - 12　汶川地震各地震烈度区不同管材的震害率（处/10km）

作用下软土中（土的剪切波速小）的管道比在硬土中的管道所遭受的动应力更大。

3. 管道材料

地下管线的管材品种非常多，如通常使用较多的灰口铸铁管、球墨铸铁管、水泥管、钢管、塑料管（如 PE、PVC 管等）、预应力钢筋混凝土管等，不同管材在地震作用下其破坏的程度也各不相同。总体而言，在建筑场地为 Ⅱ 类地区的地下输、配水管网中的灰口铸铁管、水泥管震害较为严重，而球墨铸铁管、PE 管及 PPR 管破坏较轻；钢管的破坏与其建设年代、腐蚀程度等有关，所以震害比例波动较大。就各种管道的材质而言，韧性好的管材其抗震性能明显比脆性管材要好；从汶川地震绵阳市、广元利州区和青川县等地的震害资料来看，灰口铸铁管的破坏程度明显比球墨铸铁管重，说明球墨铸铁管的抗震性能较好；从梓潼县的 PE 管和 PVC 管的震害情况比较来看，PE 管每 10km 破坏 0 处，PVC 管每 10km 破坏 3 处；对安县两镇一区进行同样的比较分析可以看出，塑料管中的新型材料 PE 管破坏程度比 PVC 管轻，说明 PE 管的抗震性能好，虽然 PPR 管在目前国内的使用不是很多，但从破坏情况来看，相对其他管材而言其抗震性能较好。

4. 管径

管径的大小也影响着管道的抗震性能，震害资料表明，管道的刚度可在一定程度上抑制周围土壤的变形，所以在一般情况下大口径管线的震害率要低于小口径的管线。同时，在相同管径的大小下，改变管道壁的厚度时，轴向应力随壁厚的增大而减小，而弯曲应力随壁厚的增大变化不大。

5. 管道接口形式

管道的接口形式对地下管线抗震性能的影响更为明显，大量震害资料表明，在同样的条件下，柔性接口管道的震害率要明显低于刚性接口管道的震害率，这是因为柔性接口能吸收较多的场地应变，同时又具有较好的延性的缘故。

此外还有一些例如管道的曲率半径、管道的埋深、管道的设计、施工、腐蚀程度等因素，对管道的破坏也有不可忽视的影响，汶川地震中就有相当数量已腐蚀的钢管和铸铁管在地震中发生断裂破坏。

5.3.4　供水管道平均震害率

供水管网的破坏是以一处一处的破坏、渗漏的形式表现出来的，震后恢复也是针对一处一处的破坏点进行修复，因此管道的震害率是表征各类供水管道抗震性能的一个重要指标。1975 年海城地震后，通过对地下管道震害的统计分析，得到了营口等地地下供水管道的震害率，管道类型包括钢管、铸铁管及石棉水泥管，主要对应Ⅷ度和Ⅸ度地震烈度区，见表5.3－1。王东炜等人根据中、日、美、墨西哥等国的地下管道震害资料，经过统计分析得到了管道的平均震害率，见表5.3－2。该研究成果可以考虑管道直径、管道锈蚀程度、地震烈度及接头类型等因素的影响，适用于场地类别为Ⅱ类及Ⅲ类（液化概率很小的地区），可以作为确定地下管道震害预测评估中震害率模型参数的依据。

表 5.3－1　海城地震中不同材质管道的震害率（处/10km）

地区	钢管	铸铁管	石棉水泥管
盘山镇（Ⅶ度）	70	16.0	13
营口市（Ⅷ度）	114	10.6	20
营口县（Ⅸ度）	21	12.3	70
海城县（Ⅸ度）	157	212	90

表 5.3－2　地下管道平均震害率（处/10km）

场地	管径（mm）	地震烈度				
		Ⅵ度	Ⅶ度	Ⅷ度	Ⅸ度	Ⅹ度
Ⅱ类	>500	0.001	0.01	0.1	1	5
	200~500	0.01	0.1	1	7	16
	75~150	0.03	0.2	2	15	30
Ⅲ类（液化概率很小的地区）	>500	0.05	0.5	2	6	8
	200~500	0.1	1.5	8	18	30
	75~150	0.2	3	16	30	50

注：对于严重锈蚀的管道，λ 的取值要加一级（取表中的相应 λ 的右侧数据）；延性接头的管道，λ 的取值要减一级（取相应 λ 的左侧数据）。

汶川地震科学考察工作中，得到了大量现役地下管线工程的地震破坏资料，经统计汇总分析，得到了钢管、灰口铸铁管、球墨铸铁管、水泥管、PE 管及 PVC 管在地震烈度为Ⅵ、Ⅶ、Ⅷ度情况下的震害发生率，见表5.3－3。

表 5.3 - 3　汶川地震中不同材质管道的震害率（处/10km）

地震烈度	灰口铸铁管	水泥管	钢管	PVC 管	PE 管	球墨铸铁管
Ⅵ度	1.5	0	0	0	0	0
Ⅶ度	12.9	8.3	0.6	6.143	3	0.34
Ⅷ度	40	20.36	22.3	25	8	1.2

注：灰口铸铁管、钢管及球墨铸铁管的管径是在 300mm 以上的主干管道；水泥管是管径在 500mm 以上的主干管道；而 PE 管、PVC 管是管径在 400mm 以下的管道。

从应用的便利性考虑，采用表 5.3 - 2 中震害率模型比较好，但表 5.3 - 3 中给出的震害率更有针对性，缺点是没有Ⅸ度区的数据。可将二者结合考虑，以汶川地震地下管道震害率结果为基础，借鉴表 5.3 - 2 中Ⅸ度管道震害率与Ⅷ度震害率的关系，即Ⅸ度区管线的震害率至少是Ⅷ度区的 2 倍以上，推广得到汶川地震中Ⅸ度的管道震害率，综合管径及场地类别对管道震害的影响，可以得出现役管道的震害率模型如表 5.3 - 4 所示。实际工作中可以根据能够得到的管网基础数据情况选择表 5.3 - 4 中的震害率参数进行管网地震破坏分析。

表 5.3 - 4　现役管道震害率（处/10km）

地震烈度	管径 300~800mm				管径 75~300mm	
	灰口铸铁管	水泥管	钢管	球墨铸铁管	PVC 管	PE 管
Ⅵ度	1.5	0	0	0	0	0
Ⅶ度	12.9	8.3	0.6	0.4	6.2	3.0
Ⅷ度	40.0	20.4	22.3	1.2	25.0	8.0
Ⅸ度	80.0	40.8	45.0	2.4	50.0	16.0

5.3.5　供水管网地震破坏等级划分

一定长度的管线工程在地震中破坏处数的多寡反映了其震害程度的轻重，因此以单位长度管线震害处数定义管线地震破坏等级是合理的。GB/T 24336—2009《生命线工程地震破坏等级划分》规定将管线破坏等级划分为 5 个等级，且以位于一个独立区域内的网络为单位进行破坏等级评定，并给出了供水管网的地震破坏等级与管网平均震害率之间的对应关系，因此可以依据管网的平均震害率确定管网的破坏等级。不同破坏等级的供水管网的宏观描述如下：

基本完好：管道基本无破损，平均每 10km 渗漏点数小于 0.3（不含），管网功能基本正常。

轻微破坏：管道局部出现小的渗漏点，平均每 10km 渗漏点数介于 0.3 和 2（不含）之间，管网系统功能基本正常，供水量下降幅度小于 10%。需要进行管网维护。

中等破坏：管道出现接口断裂等破坏现象，导致管道泄漏，平均每 10km 泄漏点数介于

2 和 5（不含）之间，震后破损的管段需要通过关闭阀门等手段减少水的流失。管网功能大部分保持，供水量下降幅度可达 30%。需要进行管网维修。

严重破坏：管道断裂、泄漏或喷漏，平均每 10km 泄（喷）漏点数介于 5 和 12（不含）之间，管道基本失去输水能力，管网功能大部分丧失，无法正常运行，需经抢修方能恢复部分功能。需要进行大修后才能恢复正常功能。

毁坏：包括主干管道在内的管道均发生破裂、泄漏或喷漏，平均每 10km 泄（喷）漏点数大于或等于 12，管道完全失去输水能力，管网功能完全丧失。一定区域管网需要重建。

5.3.6 供水管道震害的地震烈度评定指标

综合考虑现役供水管道的使用现状、震害经验等因素，给出了依据供水管道震害的地震烈度评定辅助指标，见表 5.3 - 5。

表 5.3 - 5 依据供水管道震害评定地震烈度的描述

地震烈度	供水管道震害	供水管网震害等级
Ⅵ（6）	个别老旧支线管道有破坏，局部水压下降	基本完好或轻微破坏
Ⅶ（7）	少数支线管道破坏，局部停水	轻微破坏或中等破坏
Ⅷ（8）	多数支线管道及少数干线管道破坏，部分区域停水	中等破坏或严重破坏
Ⅸ（9）	各类供水管道破坏、渗漏广泛发生，大范围停水	严重破坏或毁坏
Ⅹ（10）	供水管网毁坏，全区域停水	毁坏

Ⅵ度时，城镇供水管网中的绝大多数管道处于基本完好状态，只有个别老旧管道、管径较小的支线管道或抗震性能较差的灰口铸铁管道会出现破裂、渗漏现象，供水系统功能不受影响或影响轻微。总体来看，供水管网处于基本完好或轻微破坏状态（管网中老旧管道和灰口铸铁管道占比低于 5% 时，取较低破坏等级）。因此，当出现上述震害现象时，可作为地震烈度达到Ⅵ度的评定依据。

Ⅶ度时，部分老旧管道、少数支线管道、多数灰口铸铁管道会出现破裂、渗漏现象，供水系统功能受到一定程度影响，局部停水或水压下降。总体来看，供水管网处于轻微破坏或中等破坏状态（管网中老旧管道和灰口铸铁管道占比低于 5% 时，取较低破坏等级）。因此，当出现上述震害现象时，可作为地震烈度达到Ⅶ度的评定依据。

Ⅷ度时，大部分老旧管道、多数支线管道、大多数灰口铸铁管道、少数管径较大的干线会出现破裂、渗漏现象，供水系统功能受到较大影响，部分区域停水。总体来看，供水管网处于中等破坏或严重破坏状态（管网中老旧管道和灰口铸铁管道占比低于 5% 时，取较低破坏等级）。因此，当出现上述震害现象时，可作为地震烈度达到Ⅷ度的评定依据。

Ⅸ度时，各类供水管道破裂、渗漏广泛发生，供水系统功能受到很大影响，大范围停水。总体来看，供水管网处于严重破坏或毁坏状态（管网中老旧管道和灰口铸铁管道占比低于 5% 时，取较低破坏等级）。因此，当出现上述震害现象时，可作为地震烈度达到Ⅸ度的评定依据。

X度时，供水管网毁坏，全区域供水中断。当出现上述震害现象时，可作为地震烈度达到X度的评定依据。

5.4　依据高压电气设备震害的地震烈度评定指标

GB/T 17742—2020《中国地震烈度表》前言部分关于主要技术变化的说明中，指出"e）新增了依据桥梁、电力设备和地下供水管道等生命线工程震害的地震烈度评定指标"。在第 1 章中关于评定指标方面的说明中，增加了生命线工程震害的评定指标。在第 4.2.2 条宏观调查的内容中规定："宏观调查评定地震烈度的内容包括房屋震害、人的感觉、器物反应、生命线工程震害和其他震害现象，房屋震害应计算平均震害指数"。在第 4.2.4 节中评定地震烈度时规定："b）Ⅵ度（6 度）～Ⅹ度（10 度）应以房屋震害为主要评定依据，同时参照表 1 中其他各栏评定指标判定的结果"。并在 GB/T 17742—2020 的表 1 中给出了Ⅵ度（6 度）到Ⅹ度（10 度）时桥梁、电力、供水管网的破坏程度指标。

随着国家建设和社会的发展，城镇化的推进，生命线工程等基础设施扮演着越来越重要的角色，设施数量越来越多，其地震破坏的影响作用也越来越大，并且对生命线工程随着地震烈度破坏规律的认识逐渐成熟，将其纳入地震烈度评定指标成为必然；另一方面，由于生命线系统构成复杂，破坏形式多样，对比传统的房屋建筑作为地震烈度评定指标而言并不容易把握。因此，GB/T 17742—2020 仅在生命线系统中选取了桥梁、供水管网、电力设备三个方面的破坏作为地震烈度评定指标。同时，考虑到与传统地震烈度评定的协调性和一致性，GB/T 17742—2020 中将其定位为地震烈度评定的辅助性指标。

本节根据电力系统中选取评定地震烈度指标对象的原则，确定了以变电站高压电气设备作为评定地震烈度指标对象，通过对高压电气设备在地震中的破坏特征分析，确定了以高压电气设备的破坏模式和破坏率作为地震烈度评定指标。

5.4.1　电力系统的基本构成和地震烈度评定指标对象的选取

在电力系统中地震烈度评定指标对象的选取原则是：

（1）指标对象应较为量大面广，从空间上广泛分布；

（2）指标对象的破坏状态（或类型）和数量容易调查和判断；

（3）指标对象应在Ⅵ度及以上不同的地震烈度等级下具有较显著的破坏数量差异或不同的破坏特征；

（4）应尽量避免选择除地震动强度以外其他因素也对破坏造成重大影响的指标对象。

这里通过对电力系统构成的简单介绍，并结合指标对象选取原则，进行电力系统不同设备设施作为地震烈度评定指标对象的适用性分析。

电力系统是生产电能、变换和输送电能、分配电能、消费电能这一连续过程中各种设备连接组成的统一整体，包括发电系统、供电网络即电网系统、配电线路即配网系统三个子系统。发电系统主要指电厂，包括火电、水电、核电、风电等类型，电厂通过升压变电站将发出的电能并入到电网系统中；电网系统包括高压输电线路、电厂升压变电站和分设于城乡的高压变电站等，起到向区域传输电能的中枢作用；配电系统则是指城乡内的中、低压配电装置及线路，向用户输电。整个电力系统如图 5.4－1 所示。

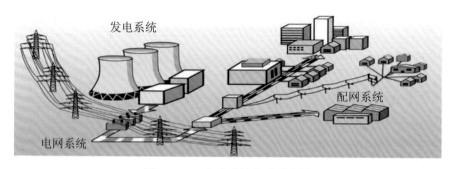

图 5.4－1　电力系统构成示意图

发电厂的数量较电网中大量的设备设施数量少得多，并且往往建在人口稀少的地方。不同地区数量差异很大，且各种不同类型发电厂的各类设备设施抗震能力也有很大差别。因此不把发电厂作为地震烈度评定指标对象。中低压用户的配网设备构造相对简单，体型较小，许多设备置于箱体内，整体表现为抗震能力较强，并且各类设备设施种类型号过多，安装环境条件参差，也不作为指标对象。电力设施地震烈度评定指标对象主要在电网系统中寻求。

电网系统主要由输电线路、变电站两部分组成。

输电线路包括电缆和架空线路两类。电缆往往用于较发达的城市，埋于地下，地震时一般不易发生破坏，因此国际上如美国、日本等在进行震害调查分析和功能损失分析时全部忽略电缆线路。架空输电线路（图 5.4－2）置于地上，包括杆塔、导线、基础、避雷线、绝缘子、金具及附件等，杆塔按制造材料分为混凝土杆、钢管杆、铁塔、钢管塔、复合绝缘杆塔等。架空线路所经区域跨度大，分布范围广。

(a)　　　　　　　　　　(b)　　　　　　　　　　(c)

图 5.4－2　架空输电线路

（a）输电线路塔、杆构造示意图；（b）铁塔输电线路；（c）钢筋水泥杆输电线路

根据我国唐山地震、汶川地震、芦山地震以及鲁甸地震中电力设施震害情况的调查，架空输电线路的破坏主要是由于输电塔杆因山体滑坡、裂缝、边坡护坡垮塌、滚石、泥石流、基础不均匀沉降和地基液化等地质灾害引起塔杆歪斜、倾倒、损坏、基础堡坎崩塌受损等，并进而引起上部电线拉断、绝缘子等部件破坏、挂线装置损伤、变形、线路避雷器脱落、损

坏等。由此而引起的破坏在上述地震中占 80%以上。除地质灾害外，还有很少一部分由于山梁上对地震动具有显著的放大效应，杆塔也容易在山梁上产生动力响应而破坏。在平坦地带因强烈地震动而引起塔杆破坏，则基本在Ⅸ度及以上高烈度区才能见到。

唐山属于平原区，唐山地震时输电线路的地震灾害明显比汶川地震少得多。唐山地震架空输电线路遭受的破坏，都是位于土质松软地带和常年积水的沼泽地段，地震时引起塔杆基础下沉、塔杆倾斜和折断。

并非所有山区都是次生灾害严重的地区。有些地区虽为山地，但其发生次生灾害的概率很低。鉴于架空输电线路的破坏与地震地质次生灾害强烈相关，而我国不同地区地震地质灾害易发性的差别极大，因此用输电线路的地震破坏作为地震烈度评定指标显然不合适。

变电站置于室内的监控设备测量仪表、继电保护及自动装置、直流源设备等二次设备，多为箱、柜、盘结构，地震时自身不易发生破坏，往往是由于房屋的装修物件砸坏或墙体倒塌而遭受破坏。

室外变压器属于一次设备，由箱型本体、油枕、和瓷套管构成，本体和油枕是金属外壳，瓷套管呈细长型瓷质材料构成，是地震时极易破坏的部分。除变压器外、断路器、隔离开关、电流互感器、电压互感器、避雷器等高压设备置于室外，属于瓷柱型设备，在地震中容易遭受破坏，并随着烈度梯度的变化，其破坏数量、破坏模式和特点都有不同的变化。因此，可以将变电站此类设备的破坏作为地震烈度评定指标。变电站高压电气设备和室内设备如图 5.4-3 所示。

图 5.4-3　变电站主要室外高压电气设备和室内设备
（a）变压器；（b）断路器；（c）隔离开关；（d）互感器；（e）室外高压电气设备；（f）室内设备

近十几年来兴起的 GIS 变电站（图 5.4-4），采用绝缘性能和灭弧性能优异的六氟化硫（SF6）气体作为绝缘和灭弧介质，将所有的高压电气元件密封在接地金属筒中，置于框架结构或钢结构房屋的室内，底部用固定螺栓紧固。元件密封不受环境干扰、运行可靠性高、具有很强抗震能力。汶川地震时在Ⅸ度区该类变电站有轻微破坏。

(a)　　　　　　　　　　　　　　　　　　　(b)

图 5.4-4　GIS 变电站

(a) 室内 GIS 设备；(b) 变电站建筑

鉴于此类变电站目前数量有限，同时其抗震能力优异，并且具有地震经历的样本较少，目前尚未准确把握该类设备在高烈度区不同烈度下的地震破坏特征，故 GIS 型变电站不适合作为地震烈度评定的指标对象。

根据评定指标对象的选取原则，通过上述对电力设施的分析，在 GB/T 17742—2020《中国地震烈度表》的表 1 中，将电力系统中的地震烈度评定指标对象确定为变电站室外的高压电气设备。

5.4.2　高压电气设备典型震害

由于变电站在设计阶段就考虑了选址问题，所以站内各类高压电气设备的破坏主要原因是因为过强的地震振动所导致，地震地质次生灾害所引起的破坏较为少见。虽然各种设备功能不同，结构有所差异，但都是高压设备，有许多是瓷质材料或由瓷柱隔离支撑，所以各类高压电气设备的破坏既有各自特殊性，很大程度上又有其共性。

1. 变压器震害

地震中变压器的破坏形式有：套管损坏、移位、漏油；主变重瓦斯误动作跳闸；油枕与连接管破裂漏油；温度计损坏；散热器破坏；主变本体脱轨、移位；主变引线脱落等。归纳海城地震、唐山地震、汶川地震中不同地震烈度区内变压器的破坏现象类型，如表 5.4-1 至表 5.4-3 所示。随着地震烈度的由低到高，破坏类型逐渐由单一型转变为多种类型并存。

变压器套管的破坏最为常见，其抗震性能与安装方式也有密切的关系，变压器套管的安装方式有直立式和斜立式，受损套管以斜立式安装居多，位移程度也更大，斜立式安装的变压器套管不仅要受到地震波水平加速度的作用，还要受到竖向加速度的作用。由于本体的移位也易使得上部的瓷套管断裂破坏。变压器移位和瓷套管破坏现象如图 5.4-5 所示。

(a)　　　　　　　　　　　　　　　　(b)

(c)　　　　　　　　　　　　　　　　(d)

图 5.4 - 5　变压器震害

（a）变压器漏油、移位；（b）变压器 110kV 导管移位、漏油；

（c）紧固螺栓拉断，变压器移位；（d）变压器套管根部折断

表 5.4 - 1　海城 7.3 级地震变压器不同烈度下主要震害现象

地震烈度	Ⅶ度	Ⅷ度	Ⅸ度
主变压器	移位	移位	移位，套管破坏
配电变压器	无明显震害	移位	移位，变压器损坏

表 5.4 - 2　唐山 7.8 级地震高压变压器不同烈度下主要震害现象

地震烈度	Ⅷ度	Ⅸ度	Ⅹ度
主变压器	无明显震害	移位、部分套管破坏，导致漏油	移位，大部分套管破坏，漏油严重

表 5.4 - 3　汶川 8.0 级地震高压变压器不同烈度下破坏类型及比率

地震烈度	移位、套管断裂或漏油同时发生	单纯变压器移位	单纯套管断裂或漏油
Ⅵ度	0	0	100%
Ⅶ度	25.0%	18.7%	56.3%
Ⅷ度	35.3%	11.8%	52.9%
Ⅸ度	42.9%	14.2%	42.9%

2. 断路器设备震害

地震中断路器的损坏较严重的是旧式的双断口 SF6 断路器，因为其顶部质量大，造成支持瓷瓶断裂的现象较为严重和普遍。新型的单断口 SF6 断路器顶部质量相对旧式比较小，尤其是国外生产的瓷瓶由于质量较好，因此有较高的完好率。调查资料显示，除了地震烈度较高的地区和旧式的油断路器损坏比较严重外，其余损坏较少。断路器的破坏形式主要有：瓷瓶裂纹、断路器基础受损、套管根部折断、移位、SF6 严重泄漏、房屋倒塌砸坏、断路器保险丝熔断、开关跳闸、烧毁等。断路器典型震害如图 5.4 - 6 所示。

(a)　　　　　　　　　　　　　　　　　　　(b)

图 5.4 - 6　断路器震害

（a）断路器根部折断；（b）断裂掉落的断路器

3. 隔离开关震害

隔离开关往往只发生在地震烈度较高的地区。地震烈度较低时损坏较少。各电压等级的开关设备采用瓷柱敞开式产品，抗震能力较差。隔离开关的破坏主要是刀闸瓷质部分受损；设备连接板扭曲；刀闸倾倒、开关跳闸；开关被房屋倒塌砸坏；引线拉断等。隔离开关典型震害如图 5.4 - 7 所示。

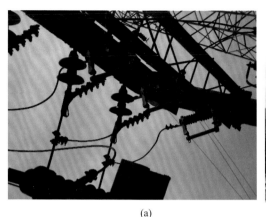

(a)　　　　　　　　　　　　　　　　(b)

图 5.4 - 7　隔离开关震害

（a）开关支柱绝缘子破坏；（b）220kV 隔离开关根部断裂，倾倒

4. 互感器震害

地震对互感器的损坏主要表现为互感器倾倒，瓷套管损坏引起的渗漏油，互感器本体变形、裂纹等。其中以互感器倾倒、互感器瓷套管损坏引起的渗油最为普遍。电流互感器的主要破坏形式为：漏油；变形喷油；本体损坏；房屋倒塌砸坏。电压互感器主要的几种破坏形式包括电压互感器倾倒、电容中部断裂、保险熔断、因高压室毁坏无法使用、引线断裂等破坏形式。互感器典型震害如图 5.4 - 8 所示。

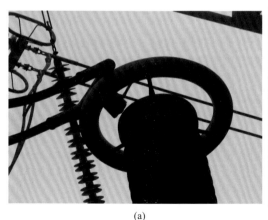
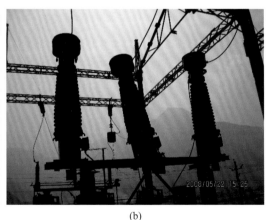

(a)　　　　　　　　　　　　　　　　(b)

图 5.4 - 8　互感器震害

（a）互感器接线柱断裂；（b）互感器从根部倾斜

5. 母线与避雷器震害

变电站内的母线分硬母线和软母线两种，硬母线是由铝管和铝线制成，软母线是由铝线制成。两种母线的破坏形式不同，硬母线的破坏主要是支撑母线的棒式支柱绝缘子（一般为瓷柱）在地震作用下折断造成的；软母线自身的强度很高，不易损坏，损坏一般是悬挂

母线的绝缘子被拉断。

避雷器的破坏形式大部分是从根部折弯或断裂。在统计的 116 个损坏的避雷器中，主要有本体断裂损坏、本体冒火、底座支柱瓷瓶有裂纹等破坏形式。

母线与避雷器震害如图 5.4-9 所示。

(a)　　　　　　　　　　　　　　　　(b)

图 5.4-9　母线与避雷器震害

(a) 母线构架脱落刀闸断裂；(b) 避雷器从根部折断倾倒

6. 变电站室内设备震害

一般情况下，如果房屋及内部装修未掉落或未倒塌，室内设备严重破坏的现象不多见。但在高烈度区，如果变电站设备室发生严重破坏或倒塌，则会严重影响室内设备，如图 5.4-10 所示。

 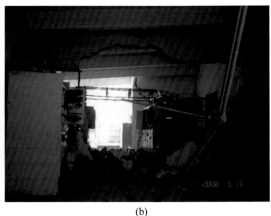

(a)　　　　　　　　　　　　　　　　(b)

图 5.4-10　室内设备震害

(a) 塌落砸毁设备；(b) 填充墙倒塌，室内设备受损

唐山地震和汶川地震的变电站室外高压电气设备（除变压器外）破坏类型和所占比率的类别统计如表 5.4-4 和表 5.4-5 所示。总体来讲，室外高压电气设备的破坏主要在于高

耸结构的瓷质装置及瓷质隔离柱的断裂、倾倒、裂缝，及部分设备密封装置受损引起的渗油等现象，其他破坏类别很少。

表 5.4-4　唐山 7.8 级地震高压电气设备和绝缘瓷件的损坏现象

损坏部件及地震烈度		瓷件断裂根部折断	套管错位漏油	压板跳出、漏油	导电杆处断裂	接线端子拉坏
断路器	SW$_6$-220 型少油断路器 IX度	√	×	×	×	×
	SW$_8$-110 型少油断路器 IX度　X度	√	×	×	×	×
	DW$_{24}$-110 型多油断路器 IX度　X度	×	√	×	×	×
	HPGE-11/15E（法国）110kV 少油断路器 IX度　X度	√	×	×	×	×
	DW$_2$-35 型多油断路器 IX度　X度　XI度	×	×	√	×	×
隔离开关	GW$_7$-220 型隔离开关 IX度	√	×	×	×	×
	GW$_4$-220 型隔离开关 IX度	√	×	×	×	×
	GW$_{25}$-110 型隔离开关 IX度　X度	×	×	×	√	×
	ZS-220/400 型 220kV 支持绝缘子 IX度	√	×	×	×	×
避雷器	FCZ$_3$-220J 型磁吹避雷器 IX度	√	×	×	×	×
	FZ-220J 型普阀避雷器 IX度	×	×	×	×	√
	FZ-110J 型普阀避雷器 IX度　X度	√	×	×	×	×
	FZ-35 型普阀避雷器 IX度　X度　XI度	√	×	×	×	×

注：√——发生；×——未发生

表5.4-5　汶川地震110kV及以上变电站遭受破坏的高压电气设备破坏类型比例

高压电气设备	主要破坏类型所占的比率			
	断裂、倾倒、裂缝、炸裂	漏油或漏气	变形	其他
断路器	73.5%	17.7%		8.8%
隔离开关	83.3%		13.7%	3.0%
电压互感器	45.8%	20.8%		33.4%
电流互感器	26.4%	28.8%	6.7%	38.1%
避雷器	95.7%			4.3%

5.4.3　不同地震烈度下高压电气设备破坏率

瓷柱型高压电气设备一旦破坏便无法修复，需要彻底更换。因此，可将这些设备的破坏形态归结为两个，即或者破坏，或者未破坏，而不必如房屋建筑那样划分为五个破坏等级。对于变压器而言，地震中的破坏状态绝大多数是瓷套管破坏，高地震烈度时有油枕破坏、散热器破坏、轮轨固定装置破坏中至少两或多个现象发生。任何一个现象发生，变压器将不会正常发挥其功能。因此变压器的破坏同样可以同其他高压电气设备一样，视为只有两个状态，不划分破坏等级。

以每个变电站某类高压电气设备的破坏率为一个样本，对汶川地震中绵阳、德阳、广元、成都部分地区的121个110kV及以上的变电站，采用高斯分布的累积函数曲线，通过最小二乘法拟合高压电气设备的破坏率-地震烈度拟合曲线，并得到了破坏率的概率密度分布。

若随机变量 x 服从期望值为 μ，标准差为 σ 的分布，那么其概率密度函数和累积分布函数分别为：

$$f(x) = \frac{1}{\sigma\sqrt{2\pi}}\exp\left[-\frac{(x-\mu)^2}{2\sigma^2}\right] \qquad (5.4-1)$$

$$F(x) = 0.5 + 0.5\mathrm{erf}\left(\frac{x-\mu}{\sigma\sqrt{2}}\right) \qquad (5.4-2)$$

式（5.4-2）中，erf（x）函数为：

$$\mathrm{erf}(x) = \frac{2}{\sqrt{\pi}}\int_0^x e^{-t^2}\mathrm{d}t \qquad (5.4-3)$$

对高压电气设备在每个变电站的破坏率求同一地震烈度下的均值，通过式（5.4 - 2）采用最小二乘法进行拟合，得出各类高压电气设备在不同地震烈度下的破坏率曲线，同时得到概率密度曲线，分别如图 5.4 - 11 和图 5.4 - 12 所示。

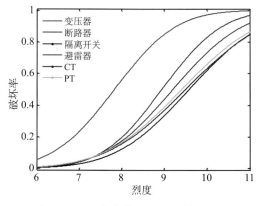

图 5.4 - 11　各类高压电气设备破坏率

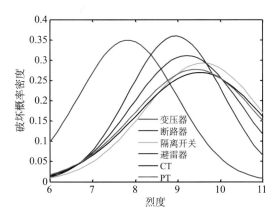

图 5.4 - 12　各类高压电气设备破坏概率密度

由图 5.4 - 11 可以看出：①随着地震烈度的增大，各类设备破坏率上升的趋势较为明显。②变压器在地震烈度为Ⅶ度时，其破坏率在 20% 左右，地震烈度为Ⅷ度时破坏率达到 50%，而地震烈度为Ⅸ度时破坏率超过 80%，Ⅹ度时基本接近 100% 破坏。③除变压器以外的其他设备，在地震烈度为Ⅶ度时虽然有破坏发生的可能，但破坏率很小，基本在 4% 以下，Ⅷ度时破坏率在 20% 以下，Ⅸ度时破坏率在 40% 左右，Ⅹ度时破坏率超过 60%。

从变电站样本上看，在不同地震烈度下，各类高压电气设备样本的破坏率的离散性还是较大的，以变压器为例，在Ⅵ度和Ⅶ度的低地震烈度区，有的变电站变压器破坏率就已经达到 100%，有的则未发生破坏，而从拟合曲线看，变压器的破坏率仅在 30% 以下。

变压器较其他高压电气设备最容易破坏，其易损性明显高于其他设备；其他设备中容易发生破坏的顺序依次为断路器、避雷器、互感器（PT、CT）、隔离开关，而互感器和隔离开关的易损性最为接近。

图 5.4 - 12 所示的概率密度曲线反映了各类设备在某地震烈度区间内最能够造成大量破坏，以及破坏数量在不同地震烈度区间的集中程度。其物理意义在于，破坏概率密度曲线的峰值位置表达设备以地震烈度作为地震荷载的理论强度；破坏概率密度曲线的“胖瘦”表达各种不尽相同的环境、条件、安装方式、地震烈度评定的误差以及其他因素致使设备破坏的地震动强度（地震烈度）具有的离散性程度。变压器在烈度为Ⅷ度左右时，破坏概率密度达到峰值，其破坏数量会迅速增多；断路器在Ⅸ度时破坏概率密度达到峰值，其破坏数量增加较快；隔离开关、避雷器、电流互感器和电压互感器在接近Ⅹ度时破坏数量会增加较快。变压器是电力系统中抗震能力最薄弱的环节。

根据唐山地震高压电气设备震害资料，变压器和高压电气设备及蓄电池在地震烈度Ⅶ~Ⅺ度地区的破坏率如表 5.4 - 6 所示。唐山地震的统计样本相对较少，与汶川地震相比有所差异。变压器和其他设备相比的抗震能力差异性，两个地震的统计结果是一致的，变压器是抗震能力最弱的设备。

表 5.4 - 6　唐山地震不同烈度下电气设备破坏率（％）

地震烈度	变压器	高压电气设备及瓷部件	蓄电池
Ⅺ度	83.3	45.8	0
Ⅹ度	42.8	14.8	42.9
Ⅸ度	36.4	17.3	66.7
Ⅷ度	100（1）	0	60
Ⅶ度	14.3	0	0

5.4.4　高压电气设备震害的地震烈度评定指标

通过对唐山地震、海城地震、汶川地震、芦山地震等多个地震震害的调查分析，变电站高压电气设备、土建房屋、架空线路的破坏及电网功能失效的程度和特点随着地震烈度的不同有很大不同，基本具有如下的规律：

在Ⅵ度区，高压电气设备基本完好，没有电杆、输电塔损坏和电线断线现象。土建设施基本完好，供电系统基本不停电，发生停电时绝大多数原因为上游停电导致失压，偶有主变跳闸误动作或极个别高压电气设备受损，数小时内即可修复。

在Ⅶ度区，房屋基本完好，个别轻微破坏，极少有电杆、输电塔损坏和电线断线现象。电气设备：个别元件可能破坏，功能损失模式：因自身故障停电概率20%以下。停电原因主要为上游停电或变压器保护动作跳闸偶尔有少数因套管移位、漏油，为保护变压器而主动停止运转，或其他电气设备如断路器、互感器、避雷器损坏而停止运转。由于破坏数量少，程度轻，且目前高压变电站多实行子母输电线的网络保护模式，该类破坏程度的电力设施经抢修，24小时内基本可恢复供电。

在Ⅷ度区，变电站出现一般故障，房屋：轻微破坏个别中等破坏，室内设备破坏极少。由于地质灾害原因导致输电塔、电杆遭受弯折或倒塌，线路断线现象很少出现。一些室外有高压变电设备遭到损坏现象，有的变压器套管漏油，也有高耸结构如互感器、断路器、避雷器等瓷器底部与水泥基柱连接处断裂现象。功能损失模式：因自身故障停电概率40%左右。总体来说电站变电站停电可能性大。由于电气设备破坏、输电线路上游停电、变压器保护性跳闸导致停电。一般修复时间不超过2天。

在Ⅸ度区，变电站出现严重故障：房屋中等破坏，少数严重破坏，个别倒塌，有室内设备被砸坏现象。电气设备：常发生变压器本体移位、套管漏油现象。常见高耸结构，如互感器、断路器、避雷器等瓷器底部与水泥基柱连接处断裂现象。个别室内设备因连接处松动而烧毁。功能损失模式：因设备自身故障停电概率75%。主要为电气设备破坏，另外个别跳闸、误动作、上游失压、导致停电，总体上电站变电站基本停电。一般一周内经抢修可恢复供电。

在Ⅹ度及以上区域，电力系统的变电站的土建设施如主控室等严重破坏或倒塌，需重建，室内设备破坏严重，电杆、输电塔有弯折或倒塌、断线现象亦较多，其中许多是由于泥石流、山体滑坡、砂土液化等地质灾害造成以上破坏现象。配网线路常受建筑物倒塌而砸毁。各类高压变电设备多数都遭受了严重的损毁。该类地区的高压电气设备破坏现象多种多样，变压器翻倒、出轨、移位、套管断裂漏油现象普遍。许多互感器、断路器、避雷器等高耸瓷柱结构出现根部断裂。电力设施功能失效模式主要为由于控制室设备和室外高压电气设备直接受到严重损坏和输电线路断线而停止工作，导致断电，全站失压。相当多此类地区电力设施恢复时间大幅度延迟，甚至个别变电站需要重建。

根据上述电力设施在不同地震烈度区的震害特点总结的规律，基于5.4.1节指标对象选取原则与指标对象适合状况的分析结果，以及5.4.2节地震破坏现象调查结果和5.4.3节对高压电气设备破坏率的调查与分析，确定了以高压电气设备作为地震烈度评定指标对象，以设备破坏数量和破坏形式作为指标，最终形成了GB/T 17742—2020《中国地震烈度表》中表1的依据高压电气设备震害的地震烈度评定指标，见表5.4-7。

表 5.4-7　依据高压电气设备震害的地震烈度评定指标

地震烈度	震害描述
Ⅵ（6）	个别主变压器跳闸
Ⅶ（7）	个别变压器的套管破坏；个别瓷柱型高压电气设备破坏
Ⅷ（8）	少数变压器的套管破坏，个别或少数瓷柱型高压电气设备破坏
Ⅸ（9）	多数变压器的套管破坏，少数变压器移位，少数瓷柱型高压电气设备破坏
Ⅹ（10）	绝大多数变压器移位、脱轨，套管断裂、漏油，多数瓷柱型高压电气设备破坏

随着国家对新发生地震震害调查的重视程度越来越高，对电力设施地震震害资料及分析成果越来越丰富，使得通过电力设施震害作为一种辅助指标对地震烈度进行综合评定从而提高地震烈度评定的准确性和便利性，不仅必要而且成为可能。应当指出的是：

（1）变电站的空间分布比较稀疏广泛，与地震烈度评定区的房屋建筑往往比较密集而样本较多不同，因此会因为样本较少而有可能带来一定偏差。应结合多种指标进行综合地震烈度评定。

（2）作为指标对象的高压电气设备，适用于110kV和220kV的高压电气设备。35kV的变压器和瓷柱型设备往往体型较小，抗震能力一般情况下高一些；而330kV以上的设备，根据GB 50260—96《电力设施抗震设计规范》，对高压电气设备抗震性能要求较严格，因此，对于这两类电气设备，震害指标仅作为参考。

（3）电力设施种类多，抗震能力不一致，影响因素也较多，设备自身动力反应特点与房屋建筑差别较大。因此应当注意到因不同地震动的特点不同，有时会出现房屋建筑震害评定出的地震烈度可能与电气设备的评定结果不一致的情况。

第6章 依据其他震害现象的地震烈度评定指标

GB/T 17742—1999 和 GB/T 17742—2008 中的其他震害现象栏内，实际上包含了三个方面的震害现象：一是悬挂物和器物对地震影响的反应情况；二是构筑物，主要是指砖烟囱和石拱桥的震害现象；三是自然环境的震害现象。其中，自然环境的震害现象还是评定Ⅺ度或Ⅻ度高烈度的主要标志。在本次地震烈度表修订过程中，根据最新的研究成果，这部分指标也做了一些修订。

6.1 依据悬挂物和器物反应的地震烈度评定指标

由于悬挂物和不稳定器物等对地震的反应比较敏感，因此，将其作为低烈度区评定的标志之一，并作为器物反应的对象在第4章里专门进行了研究和阐述。在本次修订中，已经将这部分内容从"其他震害现象"栏中移出，单独列了"器物反应"一栏，同时进行了修订，还增加了家具等其他器物反应的类型，具体修订详见第4章。

6.2 依据构筑物震害的地震烈度评定指标

针对构筑物，GB/T 17742—1999 只列举了有代表性的独立砖烟囱和石拱桥。独立砖烟囱在城镇和农村都较普遍，同房屋建筑对地震的敏感程度相当，从Ⅵ度区到Ⅹ度区有不同的震害程度。因此，可以将独立砖烟囱的不同震害现象作为评定地震烈度的标志之一。石拱桥在农村和乡镇较普遍，特别是在丘陵山区基岩广泛出露的地区，石拱桥的破坏可以作为Ⅹ度区的标志之一。但在 GB/T 17742—2008 中只保留了独立砖烟囱，而去掉了石拱桥。鉴于近20年发生的破坏性地震中独立砖烟囱的震害也较为普遍，图6.2-1为2008年四川汶川8.0级地震中独立砖烟囱的震害，本次修订仍将独立砖烟囱保留在"其他震害现象"栏中，并继续沿用了 GB/T 17742—2008 的评定指标。而将桥梁震害作为地震烈度评定指标之一，与供水管道和高压电气设备震害一起专门列在了生命线工程震害一栏中，具体指标的确定详见第5章。

图 6.2 - 1　崇州市（Ⅶ度区），砖烟囱中部开裂酥碎，筒体向外膨出

6.3　依据自然环境震害现象的地震烈度评定指标

自然环境震害现象主要指地裂缝、喷水冒砂以及滑坡、塌方等地震地质灾害，在本次修订中仍保留在"其他震害现象"栏中，并继续沿用了 GB/T 17742—2008 的评定指标。而 GB/T 17742—2008 中这部分的评定指标是在 GB/T 17742—1999 基础上稍作改动给出的。

6.3.1　地震地质灾害地震烈度评定指标的由来

根据我国地震烈度表评定地震烈度时，通常规定，Ⅰ～Ⅴ度以地面上人的感觉及器物反应为主，Ⅵ～Ⅹ度以房屋震害为主，并考虑其他震害现象综合确定，Ⅺ～Ⅻ度应综合房屋震害和地表震害现象，这里所说的地表震害主要指的是地震地质灾害。由此可见，地震地质灾害主要用于Ⅺ～Ⅻ度的地震烈度评定，对于其他地震烈度等级的评定，地震地质灾害可以作为辅助指标。

GB/T 17742—1999《中国地震烈度表》宣贯教材给出了地震地质灾害评定指标的由来。该教材指出，自然环境震害现象，包括潮湿、松软土层上出现的裂缝、塌方和喷水冒砂现象，干硬土、冻土和基岩上出现的裂缝与地震断层、滑坡等现象。在潮湿的河岸、湖岸、池塘岸、海岸等软土地面常出现明显的裂缝或喷水冒砂现象，可以将其作为评定Ⅵ度的标志之一。如果在软土地面上出现的地裂缝较多，甚至裂缝延伸到一般土地上，河岸等地还伴有局部塌方，较普遍的喷水冒砂等现象出现，则可以将这些现象作为评定Ⅶ度的标志之一。Ⅷ度时，不潮湿和一般土地上裂缝普遍，喷水冒砂广泛出现，而且在干硬土地上也出现明显裂缝。Ⅸ度时，干硬土和冻土上均出现许多地裂缝；而且在基岩地区也可能出现裂缝或断裂。而且这些裂缝和断裂具有明显的方向性，它们的组合形态受到发震构造的制约。Ⅹ度时，地震断裂或受地震断裂控制的土层地裂缝带，可以连续追踪数千米以上，并伴有山崩、垮岩等现象。Ⅺ度时，地震断裂延续很长，可以追踪到数十千米，沿断裂带发育有以米（m）为单位的水平或垂直断错现象，与此同时，还伴有大量的山崩和滑坡现象。Ⅻ度时，地面剧烈变化，山河为之改观。

该教材在介绍应用地震地质灾害现象标志评定地震烈度时，强调了需要注意综合分析评定的思想，指出：

（1）松软上地上出现的地裂缝、喷水冒砂现象，不是Ⅵ度的主要标志。在许多大地震的远场影响中，Ⅴ度区内也会出现松软土地上的地裂缝和喷水冒砂现象。因为裂缝与砂土液化不仅同震动幅度有关，而且同振动的频率和震动的持续时间有关。大地震在远场的震动幅度可能不是很大，但是频率较低，震动的持续时间较长，同样会引起地裂缝和喷水冒砂。比如位于黄河三角洲的胜利油田地区，在 1969 年渤海湾 7.4 级地震时，东营市的Ⅴ度区就出现过规模可观的喷水冒砂现象；在 1976 年唐山 7.8 级地震时，地震烈度为Ⅴ度区的垦利县境内黄河沿岸出现百余处裂缝和喷水冒砂现象，可一般房屋未遭损坏。所以，在评定地震烈度时，一定要结合其他标志综合分析评定。

（2）Ⅺ度和Ⅻ度的标志相对较少，评定地震烈度时要格外小心谨慎地专门研究。虽然 GB/T 17742—1999 列出了自然环境震害现象，但比较粗略。这些震害现象大都沿发震断层分布，真正用于圈定等震线范围时，就显得控制点太少，往往只能以虚线表示。

6.3.2　地震地质灾害地震烈度评定指标修订的探索

为了使地震地质灾害更好辅助其他指标评定地震烈度，特别是解决无人区地震烈度评定问题，本次地震烈度表修订的编制组在依据地震地质灾害进行地震烈度评定方面做了如下工作：①收集整理分析了大量地震地质灾害相关文献资料，对依据地震地质灾害进行地震烈度评定的可行性进行了探讨；②邀请专门从事地震滑坡研究的专家介绍了相关研究成果；③在质检公益性行业科研专项项目《中国地震烈度标准研究》（10-110）和地震行业科研专项经费项目《宏观震害等级标准研究》（200708005）中专门设立专题进行研究，收集了大量地震地质灾害资料，研究了发生滑坡等地震地质灾害的烈度阈值。上述两个专题的主要成果如下。

1. 国内外地震烈度表中地震地质灾害评定指标的对比

通过对比美国、欧洲、日本和中国的地震烈度表发现，各国的地震烈度表对地震地质灾害的评定方法存在一定的差异。比如，目前日本已不再将地震地质灾害现象作为地震烈度的评定指标。美国"修正麦加利地震烈度表"（以下简称《美国 M.M》）中，只有最高的两档有地震地质灾害的描述。《欧洲地震烈度表》EMS（1998）（以下简称《欧洲 EMS-98》）认为没有足够多的震害资料能建立起地震地质影响与地震烈度值之间良好的对应关系，因此，该地震烈度表并未将地震地质灾害现象列为地震烈度的评定指标，只是在地震烈度表的使用说明中用了专门的章节进行论述。但是该地震烈度表也认为地震地质灾害现象特别是在人烟稀少（或无人区）的边远地区、其他可用资料很少的情况下还是非常重要的。我国各版本地震烈度表中关于地震地质灾害的对比如表 6.3-1 所示。

表 6.3-1　我国各版本地震烈度表有关地震地质灾害地震烈度评定指标对比

地震烈度	《中国 1957》	《中国 1980》	GB/T 17742—1999	GB/T 17742—2008
Ⅴ度	不流通的水池里起不大的波浪			
Ⅵ度	特殊情况下，潮湿、疏松的土里有细小裂缝。个别情况下，山区中偶有不大的滑坡、土石散落和陷穴	河岸和松散土上出现裂缝，饱和砂层出现喷砂冒水	河岸和松软土出现裂缝，饱和砂层出现喷砂冒水	河岸和松软土出现裂缝，饱和砂层出现喷砂冒水
Ⅶ度	干土中有时产生细小的裂缝。潮湿或疏松的土中，裂缝较多、较大；少数情况下冒出夹泥沙的水；个别情况下，陡坎滑坡；山区中有不大的滑坡和土石散落。土质松散的地区可能发生崩滑；泉水的流量和地下水可能发生变化	河崖出现坍方，饱和砂层常见喷砂冒水，松软土裂缝较多	河岸出现坍方，饱和砂层常见喷砂冒水，松软土地上地裂缝较多	河岸出现塌方；饱和砂层常见喷水冒砂，松软土地上地裂缝较多
Ⅷ度	地上裂缝宽达几厘米。土质疏松的山坡和潮湿的河滩上裂缝宽度可达 10cm 以上。在地下水位较高的地区常有夹泥沙的水从裂缝或喷口里冒出。在岩石破碎、土质疏松的地区常发生相当大的土石散落、滑坡和山崩。有时河流受阻形成新的水塘。有时井泉干涸或产生新泉	干硬土上亦有裂缝	干硬土上亦出现裂缝；树梢折断	干硬土上出现裂缝；饱和砂层绝大多数喷砂冒水
Ⅸ度	地上裂缝很多，宽达 10cm。斜坡上或河岸边疏松的堆积层中有时裂缝纵横，宽度可达几十厘米，绵延很长。很多滑坡和土石散落。山崩。常有井泉干涸或新泉产生	干硬土上有许多地方出现裂缝，基岩上可能出现裂缝，滑坡、坍方常见	干硬土上出现许多地方有裂缝；基岩可能出现裂缝、错动；滑坡坍方常见	干硬土上多处出现裂缝，可见基岩裂缝、错动，滑坡、塌方常见
Ⅹ度	地上裂缝宽几十厘米；个别情况下达 1m 以上。堆积层中的裂缝有时组成宽大的裂缝带，断续绵延可达几千米以上。个别情况下岩石中有裂缝。山区和岸边的悬崖崩塌。疏松的土大量滑滑。形成相当规模的新潮泊。河、池中发生击岸的大浪	山崩和地震断裂出现	山崩和地震断裂出现	山崩和地震断裂出现

地震烈度	《中国 1957》	《中国 1980》	GB/T 17742—1999	GB/T 17742—2008
XI度	地面形成许多宽大裂缝。有时从裂缝中冒出大量松散的、浸透水的沉积物。大规模的滑坡、崩滑和山崩。地表产生相当大的垂直和水平断裂	地震断裂延续很长，山崩常见	地震断裂延续很长；大量山崩滑坡	地震断裂延续很长，大量山崩滑坡
XII度	广大地区内地形有剧烈的变化。广大地区内地表水和地下水情况剧烈变化	地面剧烈变化，山河改观	地面剧烈变化，山河改观	地面剧烈变化，山河改观

由表 6.3-1 可见，我国地震烈度表《中国 1980》、GB/T 17742—1999 和 GB/T 17742—2008 中关于地震地质灾害地震烈度评定标准差别不大。根据《中国 1980》的说明书，编制组认为《中国 1957》中的地下水位和泉水的变化不宜作为地震烈度的评定指标。原因如下：①地下水位和泉水的变化有时会在地震发生之前就可能出现，属于前兆的现象；②地下水位和泉水的变化可能在很广阔的地区范围内发生；③这些现象和地面震动的强度没有直接的联系。

2. 地震地质灾害与地震烈度的关系

总结各国地震烈度表的评定标准和汶川地震滑坡的分布规律，地震地质现象与地震烈度的关系如下：

（1）就多数的地震地质灾害影响而言，其影响程度随着地震烈度的增加而增强。伴随地震出现的地震地质灾害影响的程度随空间而变化，很显然它有时对区分震动的相对强弱具有价值，特别是在人烟稀少的地区，在没有其他标志可使用的情况下。

（2）许多情况下，地震地质灾害影响没有其他观测资料容易量化。多数自然环境的影响取决于复杂的地震地质和水文特征，经常受多种因素的影响，如边坡的稳定性、地下水位、地形和地质条件等。而且这些因素对地震烈度现场评定者来说一般不容易把握，如边坡自身的稳定性，是一个非常稳定的边坡在强烈地震动作用下发生崩塌、还是边坡自身的稳定性就很差。因此，地下水位变化、地表裂缝、滑坡或岩崩等地震地质灾害的影响一般只能笼统考虑，与地震烈度没有固定的对照关系。

总结现有的各国地震烈度表，主要的地震地质灾害现象及其对应的地震烈度如表 6.3-2 所示。

表 6.3 - 2　地震地质现象与地震烈度的对照关系

地震地质的现象	V度	VI度	VII度	VIII度	IX度	X度	XI度	XII度	备注
井水水位显著变化		⊙	●	●	●	●	●	●	《欧洲 EMS-98》《中国 1957》
泉水时停或时涌		⊙	●	●	●	●	●	●	《欧洲 EMS-98》《中国 1957》
河岸开裂/塌方		⊙	●	●	●	●	●	●	GB/T 17742—1999、GB/T 17742—2008
饱和砂层喷砂冒水		⊙	●	●	●	●	●	●	GB/T 17742—1999、GB/T 17742—2008
松软土裂缝		⊙	●	●	●	●	●	●	GB/T 17742—1999、GB/T 17742—2008
干硬土裂缝				⊙	●	●	●	●	GB/T 17742—1999、GB/T 17742—2008
基岩裂缝/错动					⊙	●	●	●	GB/T 17742—1999、GB/T 17742—2008
滑坡塌方	⊙	⊙	⊙	⊙	●	●	●	●	GB/T 17742—1999、GB/T 17742—2008
山崩、地震断裂						⊙	●	●	GB/T 17742—1999、GB/T17742—2008、《日本 JMA》《欧洲 MSK》《美国 M. M》
很长的地震断裂							●	●	GB/T 17742—1999、GB/T 17742—2008、《日本 JMA》《欧洲 MSK》《美国 M. M》

注：⊙表示开始少数出现该地震地质灾害现象的最低烈度阈值，随着地震烈度的增大，该地震地质灾害现象出现的概率也增大。

由表 6.3 - 2 可见：

（1）井水水位显著变化、泉水时停或时涌、河岸开裂/塌方、饱和砂层喷砂冒水、松软土裂缝，这几类地震地质灾害现象比较容易发生，可以初步评定Ⅵ度以上。

（2）如果多处观察到平坦场地出现"干硬土裂缝"，即地震烈度可能评定到Ⅷ度以上。

（3）大规模的塌方和滑坡是地震烈度Ⅸ度以上的标志。

（4）很长的、大规模的地震裂缝是地震烈度Ⅺ度以上的特征。

综合上述分析可知，目前来看，虽然已进行了研究，但地震地质灾害与地震烈度关系的结果离散性很大，作为成熟、可靠的成果纳入标准以指导地震烈度评定还有所欠缺，因此本次未对此部分进行修订。希望进一步积累资料，简化评定方法，争取再次修订时纳入。

第 7 章　依据地震观测仪器测定的地震烈度

地震引起的地震动是造成地震破坏的根本原因，利用仪器记录的地震动时程直接计算地震烈度是一种发展趋势。将仪器测定的地震烈度引入到地震烈度评定是 GB/T 17742—2020 修订的主要技术变化之一。为此，前期开展了以下两方面的工作。

（1）对 GB/T 17742—2008 中的参考地震动参数进行了研究。在 GB/T 17742—2008 中，自由场地的强震动记录的水平向地震动峰值加速度和峰值速度作为地震烈度综合评定的参考指标，延续自刘恢先院士主编的《中国地震烈度表》（1980），这些参考指标为地震烈度评定做出了重要贡献，特别是指导了我国结构抗震设计中地震动输入峰值加速度的确定。但至今已经 40 年，期间我国已取得大量数字化强震动记录和对应的震害资料。

（2）搜集了国内外大量地震动记录和相关的地震烈度资料，深入分析了地震烈度与地震动参数的相关性，系统总结了地震动参数与地震烈度的研究成果，并给出了地震烈度的仪器测定流程和方法。

7.1　仪器测定地震烈度相关研究

7.1.1　研究用数据

研究使用了我国大陆地区 12 次破坏性地震中 139 个强震动观测台站获得的加速度记录及实地调查资料确定的各台站所处地区的地震烈度作为数据统计源。每个台站的强震记录均包含正交三个分量，地震烈度区范围为 VI ~ X 度。12 次地震的地震事件信息及台站分布情况见表 7.1 - 1 和表 7.1 - 2。此外，利用我国 414 次地震共计 11853 组地震动观测记录对依据仪器测定地震烈度的方法进行了分析和验证。

由于所用的强震动记录中汶川地震记录所占比例较大，且 VI 度区和 VII 度区的面积较大、台站较多，为了较为精细地刻画记录点所在的地震烈度区，以雷建成等（2007）根据四川及其临近地区的地震动数据拟合得到的我国西南地区烈度衰减关系为参考依据，对汶川地震的 VI 度区和 VII 度区设置半度等震线。

表 7.1 - 1　所用地震事件及数据分布表

地震	时间	震级 M	震中烈度	VI度	VII度	VIII度	IX度	X度	合计
汶川地震	2008.05.12	8.0	XI度	54	20	8	4	1	87
芦山地震	2013.04.20	7.0	IX度	5	7				12

续表

地震	时间	震级 M	震中烈度	Ⅵ度	Ⅶ度	Ⅷ度	Ⅸ度	Ⅹ度	合计
攀枝花地震	2008.08.30	6.1	Ⅷ度	2	2				4
宁洱地震	2007.06.03	6.4	Ⅷ度	2	1				3
盈江地震	2008.08.21	5.8	Ⅷ度	1					1
姚安地震	2009.07.09	6.0	Ⅷ度	1					1
乌恰地震	2008.10.05	6.8	Ⅶ度	2	1				3
岷县地震	2013.07.22	6.6	Ⅷ度	3	1				4
鲁甸地震	2014.08.03	6.5	Ⅸ度	6	1		1		8
景谷地震	2014.10.07	6.6	Ⅷ度	3	1	1			5
康定地震	2014.10.22	6.3	Ⅷ度	3					3
康定地震	2014.10.25	5.8	Ⅷ度	3	4	1			8
合计				85	38	10	5	1	139

表 7.1-2　所用台站分布情况表

地震名称	台站代码	台站名称	经度	纬度	场地条件
汶川地震	0514ZG	自贡地形影响台阵 0#	104.8E	29.3N	土层
汶川地震	0514ZG	自贡地形影响台阵 1#	104.8E	29.3N	基岩
汶川地震	0514ZG	自贡地形影响台阵 2#	104.8E	29.3N	基岩
汶川地震	0514ZG	自贡地形影响台阵 3#	104.8E	29.3N	基岩
汶川地震	0514ZG	自贡地形影响台阵 4#	104.8E	29.3N	基岩
汶川地震	0514ZG	自贡地形影响台阵 5#	104.8E	29.3N	基岩
汶川地震	0514ZG	自贡地形影响台阵 6#	104.8E	29.3N	基岩
汶川地震	051AXT	安县塔水	104.3E	31.5N	土层
汶川地震	051BXD	宝兴地震局	102.8E	30.4N	土层
汶川地震	051BXY	宝兴盐井	102.9E	30.5N	土层
汶川地震	051BXZ	宝兴民治	102.9E	30.5N	基岩
汶川地震	051CDZ	成都中和	104.1E	30.6N	基岩
汶川地震	051CXQ	苍溪气象局	105.9E	31.7N	土层
汶川地震	051DXY	大邑银屏	103.5E	30.6N	土层
汶川地震	051DYB	德阳白马	104.5E	31.3N	土层
汶川地震	051GYS	广元石井	105.8E	32.2N	土层
汶川地震	051GYZ	广元曾家	106.1E	32.6N	土层

续表

地震名称	台站代码	台站名称	经度	纬度	场地条件
汶川地震	051HSD	黑水地办	103.0E	32.1N	土层
汶川地震	051HSL	黑水双溜索	103.3E	32.1N	土层
汶川地震	051HYJ	汉源九襄	102.6E	29.5N	土层
汶川地震	051HYQ	汉源清溪	102.6E	29.6N	土层
汶川地震	051HYT	洪雅	103.4E	29.9N	土层
汶川地震	051HYW	汉源乌斯河	102.9E	29.2N	土层
汶川地震	051HYY	汉源宜东	102.5E	29.7N	土层
汶川地震	051JKH	乐山金口河	103.1E	29.3N	土层
汶川地震	051JYC	江油重华	105.0E	31.9N	土层
汶川地震	051JYD	江油地震台	104.7E	31.8N	土层
汶川地震	051JYH	江油含增	104.6E	31.8N	土层
汶川地震	051JZB	九寨白河	104.1E	33.3N	土层
汶川地震	051JZG	九寨郭元	104.3E	33.1N	土层
汶川地震	051JZW	九寨勿角	104.2E	33.0N	土层
汶川地震	051JZY	九寨沟永丰	104.3E	33.2N	土层
汶川地震	051KDG	康定呷巴	101.6E	30.0N	土层
汶川地震	051KDT	康定	102.0E	30.1N	土层
汶川地震	051LDD	泸定得妥	102.2E	29.6N	土层
汶川地震	051LDJ	泸定加郡	102.2E	29.7N	土层
汶川地震	051LDL	泸定冷碛	102.2E	29.8N	土层
汶川地震	051LDS	泸定水厂	102.2E	29.9N	土层
汶川地震	051LSF	庐山飞仙关	102.9E	30.1N	土层
汶川地震	051LSJ	庐山计生局	102.9E	30.2N	土层
汶川地震	051LXM	理县木卡	103.3E	31.6N	土层
汶川地震	051LXS	理县沙坝	102.9E	31.5N	土层
汶川地震	051LXT	理县桃平	103.5E	31.6N	土层
汶川地震	051MBD	马边地办	103.5E	28.8N	土层
汶川地震	051MCL	沐川利店	103.7E	29.0N	土层
汶川地震	051MED	马尔康地办	102.2E	31.9N	土层
汶川地震	051MEZ	马尔康卓克基	102.3E	31.9N	土层
汶川地震	051MXD	茂县叠溪	103.7E	32.0N	土层

地震名称	台站代码	台站名称	经度	纬度	场地条件
汶川地震	051MXN	茂县南新	103.7E	31.6N	土层
汶川地震	051MXT	茂县地办	103.9E	31.7N	基岩
汶川地震	051MZQ	绵竹清平	104.1E	31.5N	土层
汶川地震	051PJD	蒲江大兴	103.4E	30.3N	土层
汶川地震	051PJW	蒲江五星	103.6E	30.3N	土层
汶川地震	051PWM	平武木座	104.5E	32.6N	土层
汶川地震	051PXZ	郫县走石山	103.8E	31.0N	基岩
汶川地震	051QLY	邛崃油榨	103.3E	30.4N	土层
汶川地震	051SFB	什邡八角	104.0E	31.3N	土层
汶川地震	051SMC	石棉擦罗	102.3E	29.1N	土层
汶川地震	051SMK	石棉草斜	102.1E	29.4N	土层
汶川地震	051SML	石棉栗子坪	102.3E	29.0N	土层
汶川地震	051SMM	石棉美罗	102.4E	29.3N	土层
汶川地震	051SMW	石棉挖角	102.2E	29.4N	土层
汶川地震	051SMX	失眠先锋	102.3E	29.3N	土层
汶川地震	051SPA	松潘安宏	103.6E	32.5N	土层
汶川地震	051SPC	松潘川主寺	103.6E	32.8N	土层
汶川地震	051SPT	松潘	103.6E	32.6N	基岩
汶川地震	051TQL	天全县两路	102.4E	29.9N	土层
汶川地震	051WCW	汶川卧龙	103.2E	31.0N	土层
汶川地震	051XJB	小金地办	102.2E	31.0N	土层
汶川地震	051XJD	小金达维	102.6E	31.0N	土层
汶川地震	051XJL	新津梨花	103.8E	30.4N	基岩
汶川地震	051YAL	雅安石龙	102.9E	29.9N	土层
汶川地震	051YAM	雅安名山	103.1E	30.1N	土层
汶川地震	051YAS	雅安沙坪	103.0E	29.9N	土层
汶川地震	053SJX	绥江	103.9E	28.6N	土层
汶川地震	061BAJ	宝鸡	107.1E	34.4N	土层
汶川地震	061CHC	陈仓	107.4E	34.3N	土层
汶川地震	061QIS	岐山	107.7E	34.4N	土层
汶川地震	061TAY	汤峪	107.9E	34.1N	基岩

地震名称	台站代码	台站名称	经度	纬度	场地条件
汶川地震	061YLT	杨陵	108.1E	34.3N	土层
汶川地震	062MXT	岷县	104.0E	34.4N	土层
汶川地震	062SHW	沙湾	104.5E	33.7N	土层
汶川地震	062TCH	宕昌	104.4E	34.1N	土层
汶川地震	062TSH	天水	105.9E	34.5N	土层
汶川地震	062WIX	文县	104.5E	32.9N	基岩
汶川地震	062WUD	武都	105.0E	33.4N	土层
汶川地震	062ZHQ	舟曲	104.4E	33.8N	基岩
芦山地震	051BXD	宝兴地震局	102.8E	30.4N	土层
芦山地震	051BXM	宝兴明礼	102.7E	30.4N	土层
芦山地震	051BXY	宝兴盐井	102.9E	30.5N	土层
芦山地震	051DJZ	都江紫平	102.7E	30.4N	土层
芦山地震	051HYY	汉源宜东	102.5E	29.7N	土层
芦山地震	051KDZ	康定姑咱	102.2E	30.1N	土层
芦山地震	051LSF	庐山飞仙	102.9E	30.0N	土层
芦山地震	051PJD	蒲江大兴	103.4E	30.3N	土层
芦山地震	051PXZ	郫县走石山	103.8E	30.9N	基岩
芦山地震	051QLY	邛崃油榨	103.3E	30.4N	土层
芦山地震	051YAL	荥经石龙	102.8E	29.9N	土层
芦山地震	051YAM	雅安名山	103.1E	30.1N	土层
攀枝花地震	051MYL	米易攀莲	102.1E	26.9N	土层
攀枝花地震	051MYS	米易撒连	102.0E	26.8N	土层
攀枝花地震	051PZD	攀枝花大田	101.8E	26.3N	土层
攀枝花地震	051PZJ	攀枝花金江	101.8E	26.6N	土层
宁洱地震	053JZX	景谷正兴	101.0E	23.3N	土层
宁洱地震	053PDH	德化	100.9E	23.0N	土层
宁洱地震	053PMX	勐先	101.2E	23.1N	土层
盈江地震	053LHX	梁河	98.3E	24.8N	土层
姚安地震	053XQD	祥云禾甸乡	100.7E	25.6N	土层
乌恰地震	065JIG	吉根	74.1E	39.8N	土层
乌恰地震	065WQT	乌鲁克恰提	74.3E	39.8N	土层

地震名称	台站代码	台站名称	经度	纬度	场地条件
乌恰地震	065WUQ	乌恰	75.3E	39.7N	土层
岷县地震	062MXT	岷县	104.0E	34.4N	土层
岷县地震	062TCH	宕昌	104.4E	34.1N	土层
岷县地震	062YLG	冶力关	103.7E	35.0N	土层
岷县地震	062ZHQ	舟曲	104.4E	34.8N	土层
鲁甸地震	053HYC	迤车镇	103.5E	26.8N	土层
鲁甸地震	053HZH	者海镇	103.3E	25.6N	土层
鲁甸地震	053LDC	茨院	103.6E	27.2N	基岩
鲁甸地震	053LLT	鲁甸龙头山	103.4E	27.1N	土层
鲁甸地震	053QJT	巧家	102.9E	26.9N	基岩
鲁甸地震	053QJX	马树	103.3E	26.8N	土层
鲁甸地震	053QQC	铅厂	103.2E	26.9N	土层
鲁甸地震	053ZTT	昭通	103.7E	27.3N	基岩
景谷地震	053JGX	景谷	100.6E	23.2N	土层
景谷地震	053JYP	景谷永平	100.4E	23.4N	土层
景谷地震	053JYZ	景谷益智	100.7E	23.5N	土层
景谷地震	053JZX	景谷正兴	101.0E	23.3N	土层
景谷地震	053PDH	德化	100.9E	23.0N	土层
康定地震	051KDG	康定呷巴	101.6E	30.0N	土层
康定地震	051KDT	康定专业	102.0E	30.1N	土层
康定地震	051KDX	康定新都	101.5E	30.0N	土层
康定地震	051DFB	道孚八美	101.5E	30.5N	土层
康定地震	051JBC	流动01台	101.6E	30.2N	土层
康定地震	051KDG	康定呷巴	101.6E	30.0N	土层
康定地震	051KDL	流动03台	101.9E	30.3N	土层
康定地震	051KDT	康定专业	102.0E	30.1N	土层
康定地震	051KDX	康定新都	101.5E	30.0N	土层
康定地震	051KDZ	康定姑咱	102.2E	30.1N	基岩
康定地震	051TGJ	流动02台	101.5E	30.3N	土层

7.1.2　地震动参数及滤波频带选取

主要对常用的地震动峰值、频谱、持时等 24 种地震动参数与震后调查烈度进行了统计关系研究。

1. 地震动峰值参数

地震动峰值参数有峰值加速度 PGA、峰值速度 PGV 和峰值位移 PGD（包括三个单分向、水平分向合成和三分向合成的峰值）、日本气象厅计测地震烈度使用的 0.3s 持时对应的等效峰值加速度 $A_{0.3}$ 和福建使用的仪器测定地震烈度方法中的 0.5s 持时对应的等效峰值加速度 $A_{0.5}$。

2. 地震动频谱参数

频谱参数是能够体现地震动频率特性的参数，本研究选取了反应谱、有效峰值、谱烈度、均方根速度反应谱、反应谱均值等参数，分别介绍如下。

三种阻尼比 $\xi = 0$、0.05、0.10 下的加速度反应谱 PSA、速度反应谱 PSV 和位移反应谱 PSD。

1978 年美国应用技术委员会（ATC）编制的抗震设计样板规范（ATC-3）中采用的有效峰值加速度 EPA 与有效峰值速度 EPV 来度量地震动强度。有效峰值加速度与有效峰值速度的定义为：

$$EPA = \frac{S_{a}}{2.5} \tag{7.1-1}$$

$$EPV = \frac{S_{v}}{2.5} \tag{7.1-2}$$

式中，S_a 为阻尼比为 5% 的加速度反应谱在周期 0.1~0.5s 的平均值；S_v 为阻尼比为 5% 的速度反应谱在 0.1~2.5s 的平均值。

阿尔亚斯强度（Arias Intensity），其定义为：

$$I_{A} = \frac{\pi}{2g} \int_{0}^{T_0} a^2(t) \, \mathrm{d}t \tag{7.1-3}$$

式中，$a(t)$ 为地震动加速度时程；T_0 为加速度时程的持续时间；g 为重力加速度。

Housner 谱烈度，其定义为：

$$SI_{h} = \frac{1}{2.4} \int_{0.1}^{2.5} S_{v}(T, \xi) \, \mathrm{d}T \tag{7.1-4}$$

式中，T 为周期；ξ 为阻尼比，通常取 0 或 0.2；S_v 为阻尼比为 ξ 时的单质点弹性体系的相对速度反应谱。

Clough 谱烈度，其定义为：

$$SI_c = \int_{0.1}^{1.0} S_v(T,\ \xi)\, dT \tag{7.1-5}$$

式中，ξ 为阻尼比，通常取 0、0.05 和 0.10。

Nau-Hall 谱烈度，其定义为：

$$SI_{nh} = \frac{1}{1.715}\int_{0.285}^{2.0} S_v(T,\ \xi)\, dT \tag{7.1-6}$$

式中，ξ 为阻尼比，通常取 0、0.05 和 0.10。

速度反应谱均方根值 $\langle PSV \rangle$ 将周期在 1s 附近的速度反应谱的均方根值作为地震动强度的度量，其定义为：

$$\langle PSV \rangle^2 = \frac{1}{2.7}\int_{0.3}^{3.0} \left[PSV_x^2(T) + PSV_y^2(T) \right] dT \tag{7.1-7}$$

式中，$PSV_x(T)$ 和 $PSV_y(T)$ 为地震动的两个水平分量的相对速度反应谱；T 为 35 个不等间隔的采样点，T 取 0.3、0.32、0.34、…、0.5、0.55、0.6、…、1.0、1.1、1.2、…、2.0、2.2、2.4、…、3.0s。

袁一凡提出的地震烈度模糊判别法，该方法使用了 4 个具有代表性的频率对应的反应谱值的平均值（分别记为 $PSAs$ 和 $PSVs$）参与地震烈度的统计分析，考虑到我国绝大部分建筑的自振频率的范围，4 个代表性频率在高频段取 8Hz 和 5Hz，在低频段取 1Hz 和 2Hz。

3. 其他参数

累计绝对速度 CAV，其定义为：

$$CAV = \int_0^{t_{max}} |a(t)|\, dt \tag{7.1-8}$$

式中，$a(t)$ 为加速度时程；t_{max} 为记录的时间长度。

标准累计绝对速度 CAV_S，其定义为：

$$CAV_S = \sum_{i=1}^{N} \left(H(PGA_i - A_0)\int_{i-1}^{i} |a(t)|\, dt \right) \tag{7.1-9}$$

式中，$a(t)$ 为加速度时程；N 为加速度时程中不重叠的 1s 间隔的数量；PGA_i 为第 i 秒的加速度峰值；A_0 为设定的阈值，通常取 25gal；$H(x)$ 为单位阶跃函数，如下式所示：

$$H(x) = \begin{cases} 0 & x < 0 \\ 1 & x \geq 0 \end{cases} \tag{7.1-10}$$

日本学者 Nakamura 提出破坏烈度（Destructive Intensity，简称 DI）的概念，通过计算垂直向地震动加速度（单位为 gal）和速度（单位为 cm/s）的内积来估计地震的危险程度。DI 的定义为：

$$DI = \lg\left(\left|\sum(a \cdot v)\right|\right) \tag{7.1-11}$$

式中，a 为加速度分量；v 为速度分量。

均方根加速度 a_{rms}，其定义为：

$$a_{rms} = \left[\frac{1}{T}\int_0^T a^2(t)\,\mathrm{d}t\right]^{1/2} \tag{7.1-12}$$

式中，$a(t)$ 为加速度时程；T 为计算时所取的时间窗，通常用整个加速度时程的持续时间。

持续加速度峰值 PGA_c：

$$c = \frac{1}{10}\sum_{i=1}^{10}(a_i/a_{max}) \tag{7.1-13}$$

$$PGA_c = ca_{max} \tag{7.1-14}$$

式中，a_{max} 为加速度峰值；a_i 为加速度时程中最大的 10 个幅值。

Husid 提出用积分 $\int_0^t a^2(t)\,\mathrm{d}t$ 来定量表示地震动能量随时间的增长。其正规化的值可表示为：

$$I(t) = \int_0^t a^2(t)\,\mathrm{d}t \Big/ \int_0^T a^2(t)\,\mathrm{d}t \tag{7.1-15}$$

式中，T 为地震动总持时；$I(t)$ 为一个从 0 到 1 的函数。则 90% 能量持时为：

$$T_d = T_2 - T_1 \tag{7.1-16}$$

式中的 T_1 和 T_2 由下式确定：

$$I(T_1) = 0.05$$

$$I(T_2) = 0.95$$

加速度傅里叶谱峰值定义为对加速度时程进行 $0.1 \sim 20 \mathrm{Hz}$ 带通滤波后，进行傅里叶变换，将平滑后的傅里叶谱峰值 $AFFT$ 作为加速度傅里叶谱峰值。

4. 滤波频带的选取

对工程抗震而言，地震动的特性可以通过其三要素来描述，即频谱、幅值和持时。地震动的不同频率成分对各类建筑结构的影响程度不同。考虑到地震动的主要频率成分以及我国主要建筑结构的自振周期范围，在计算不同地震动参数时对强震记录进行了 $0.1 \sim 10 \mathrm{Hz}$ 的带通滤波。

7.1.3　地震动参数与烈度的相关性分析

1. 数据拟合方法

由于我国大陆地区获得的强震动记录有限，本文所用记录大部分分布在Ⅵ和Ⅶ度区，Ⅹ度区只有一组强震动记录，Ⅺ度以上无强震动记录，造成了统计分析中数据的分布不均。如采用常规的最小二乘法进行回归分析，每个台站记录所占权重相同，其拟合结果主要由强震动记录较多的Ⅵ度区和Ⅶ度区的数据控制，更高烈度区的数据难以起控制作用，因此，本研究采用以下的权重选取方法：

考虑到所有地震动参数与地震烈度之间的对应关系离散性较大，但地震动参数的均值与地震烈度具有良好的相关性，在选取权重时对每个地震烈度区域：

取地震烈度区内所有地震动参数值 $Y_{\mathrm{I}i}$ 的均值；

取地震烈度区所有地震动参数值 $Y_{\mathrm{I}i}$ 与其均值的绝对差值 $\Delta Y_{\mathrm{I}i} = |Y_{\mathrm{I}i} - \mu_{Y_{\mathrm{I}}}|$；

统计时的权重为：

$$W_{\mathrm{I}i} = \frac{\dfrac{1}{\Delta Y_{\mathrm{I}i} + 1}}{\sum\limits_{j=1}^{N} \dfrac{1}{\Delta Y_{\mathrm{I}j} + 1}} \qquad (7.1-17)$$

2. 不同地震动参数拟合结果

通过用最小二乘法得到 24 种地震动参数与地震烈度（Ⅵ～Ⅹ度）的回归公式。回归公式形式如下：

$$I = a \lg Y + b \qquad (7.1-18)$$

式中，I 为地震烈度；a、b 为拟合系数；Y 为不同地震动参数。

表 7.1-3 列举了与地震烈度相关性最好的 10 个地震动参数及与地震烈度的相关系数。图 7.1-1 为参与本文统计的各地震动参数与地震烈度的相关系数和标准方差的对比直方图。

结果显示，5%阻尼比的水平向速度反应谱均值 *PSVs* 及峰值速度 *PGV* 与地震烈度的相关性最好，相关系数均在 0.7 以上，峰值加速度 *PGA* 拟合结果较差，离散性较大。

表 7.1-3　地震烈度与地震动参数拟合结果

地震动参数	相关系数
PSV_s	0.7025
PGV	0.7001
PSA_s	0.6935
SI_c	0.6903
$A_{0.3}$	0.6887
PSV	0.6804
SI_h	0.6795
PGA	0.6782
$A_{0.5}$	0.6758
PGA_c	0.6756

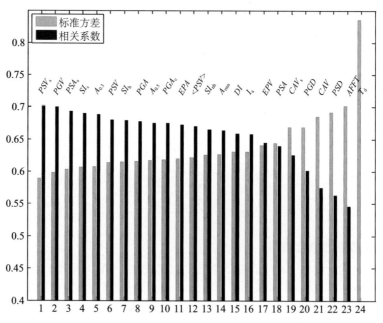

图 7.1-1　不同地震动参数与地震烈度的相关系数及标准方差分布直方图

3. *PGA* 和 *PGV* 拟合结果

考虑标准的易用性，通过仪器测定地震烈度拟采用 *PGA* 和 *PGV* 联合确定。地震烈度与 *PGA* 的拟合关系见图 7.1-2 至图 7.1-4，地震烈度与 *PGV* 的拟合关系见图 7.1-5 至图

7.1－7。其与 GB/T 17742—2008 以及美国 ShakeMap 仪器测定地震烈度的对比见图 7.1－8
和图 7.1－9。从图中可以看出，本研究的计算地震烈度比 ShakeMap 方法的计算结果偏高，
与 GB/T 17742—2008 给定的参考值较为接近。

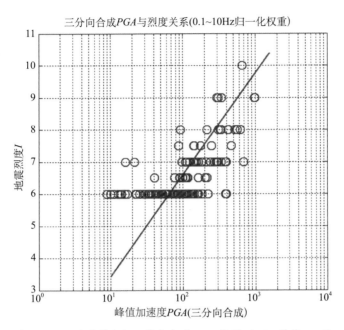

图 7.1－2　地震烈度与三分向合成 PGA 关系（PGA 单位：gal）

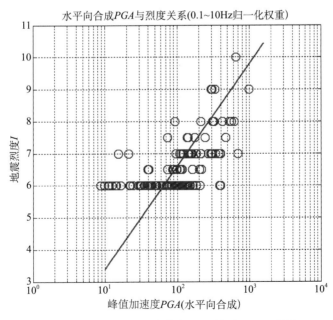

图 7.1－3　地震烈度与水平向合成 PGA 关系（PGA 单位：gal）

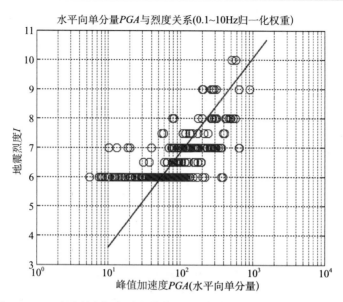

图 7.1-4　地震烈度与水平向单分量 *PGA* 烈度关系（*PGA* 单位：gal）

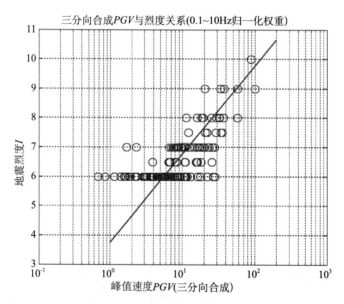

图 7.1-5　地震烈度与三分向合成 *PGV* 关系（*PGV* 单位：cm/s）

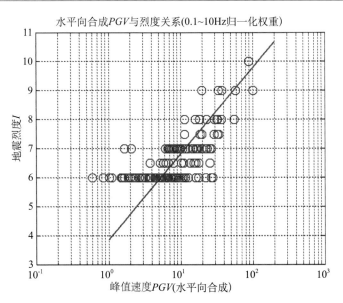

图 7.1-6 地震烈度与水平向合成 PGV 关系 (PGV 单位：cm/s)

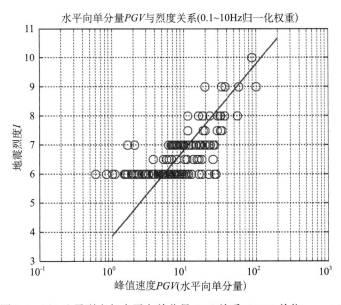

图 7.1-7 地震烈度与水平向单分量 PGV 关系 (PGV 单位：cm/s)

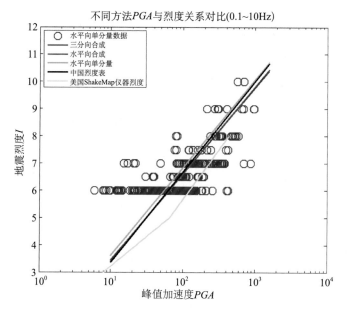

图 7.1-8　地震烈度与峰值加速度拟合关系与 GB/T 17742—2008 以及
美国 ShakeMap 仪器测定的地震烈度对比

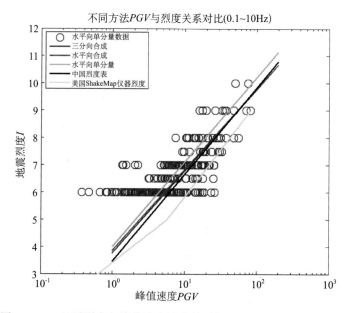

图 7.1-9　地震烈度与峰值速度拟合关系与 GB/T 17742—2008 以及
美国 ShakeMap 仪器测定的地震烈度对比

7.1.4　仪器测定地震烈度方法

通过对比分析日本、美国、我国大陆地区以及我国台湾地区等多个国家和地区的地震烈度标准及相关的仪器测定地震烈度方法，并考虑到仪器测定地震烈度的易用性，选取 PGA 和 PGV 联合作为仪器烈度计算的特征参数。对收集的 139 组强震动记录及对应的宏观调查地震烈度，通过加权最小二乘法统计得到了 PGA 和 PGV 与宏观调查地震烈度间的经验公式见式（7.1 – 19）和式（7.1 – 20），这里 PGA 的单位是 m/s^2，PGV 的单位是 m/s。比较公式的方差可以发现，利用 PGV 计算地震烈度的方差比用 PGA 计算的更小，且三分向合成的计算结果优于水平向合成和单水平分量的计算结果。

$$I_{PGA} = \begin{cases} 3.17\ \log_{10}(PGA) + 6.59\ \pm 1.04 & \text{三方向合成} \\ 3.20\ \log_{10}(PGA) + 6.59\ \pm 1.06 & \text{水平向合成} \\ 3.23\ \log_{10}(PGA) + 6.82\ \pm 1.08 & \text{水平向单分量} \end{cases} \quad (7.1-19)$$

$$I_{PGV} = \begin{cases} 3.00\ \log_{10}(PGV) + 9.77\ \pm 0.86 & \text{三方向合成} \\ 3.05\ \log_{10}(PGV) + 9.77\ \pm 0.87 & \text{水平向合成} \\ 3.11\ \log_{10}(PGV) + 10.21\ \pm 0.93 & \text{水平向单分量} \end{cases} \quad (7.1-20)$$

对收集的 11853 组强震动记录，利用式（7.1 – 19）和式（7.1 – 20）中三方向合成公式计算地震烈度，并进行对比得到的结果见图 7.1 – 10。由于使用的强震动记录来自不同的地震，包括小震、破坏性大震和特大地震等，记录的频谱特征差别较大，采用 PGA 和 PGV 计算得到的地震烈度值也随着地震震级以及震中距的不同而呈现出不同的规律。考虑到小震

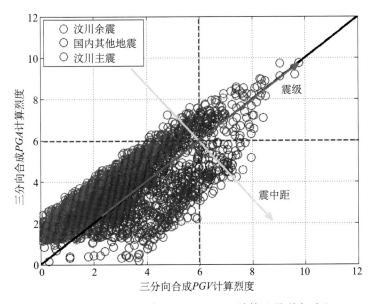

图 7.1 – 10　三分向合成 PGA 和 PGV 计算地震烈度对比

近震中高频成分和大震低频成分对地震烈度的影响，在高烈度区（≥Ⅵ）采用 *PGV* 计算地震烈度，在低烈度区（＜Ⅵ）则采用 *PGA* 和 *PGV* 计算地震烈度值的算术平均，具体计算过程如下。

通过仪器测定地震烈度的主要步骤：

（1）使用频带为 0.1~10Hz 的带通滤波器对地震动加速度时程分别进行带通滤波。

（2）由滤波后的加速度时程通过积分得到速度时程，并将三分向地震动加速度时程和速度时程进行矢量合成，见式（7.1－21）和式（7.1－22）：

$$a(t_i) = \sqrt{a(t_i)_{E-W}^2 + a(t_i)_{N-S}^2 + a(t_i)_{U-D}^2} \qquad (7.1-21)$$

$$v(t_i) = \sqrt{v(t_i)_{E-W}^2 + v(t_i)_{N-S}^2 + v(t_i)_{U-D}^2} \qquad (7.1-22)$$

（3）采用式（7.1－23）计算合成地震动加速度记录的最大值，式（7.1－24）计算合成地震动速度记录的最大值：

$$PGA = \max[a(t_i)] \qquad (7.1-23)$$

$$PGV = \max[v(t_i)] \qquad (7.1-24)$$

（4）将计算得到的 *PGA* 和 *PGV* 分别代入式（7.1－25）和式（7.1－26）中计算得到仪器测定的地震烈度 I_{PGA} 和 I_{PGV}。

$$I_{PGA} = 3.17 \log_{10}(PGA) + 6.59 \qquad (7.1-25)$$

$$I_{PGV} = 3.00 \log_{10}(PGV) + 9.77 \qquad (7.1-26)$$

（5）如果 I_{PGA} 和 I_{PGV} 均大于等于6，则仪器测定的地震烈度 I_I 取 I_{PGV}，其他情况取 I_{PGA} 和 I_{PGV} 的算术平均，见式（7.1－27）：

$$I_I = \begin{cases} I_{PGV} & I_{PGA} \geq 6.0\ 且\ I_{PGV} \geq 6.0 \\ (I_{PGA} + I_{PGV})/2 & I_{PGA} < 6.0\ 或\ I_{PGV} < 6.0 \end{cases} \qquad (7.1-27)$$

（6）仪器测定的地震烈度以阿拉伯数字表示，取值保留一位小数。如 I_I 值小于 1.0 时取 1.0，如 I_I 值大于 12.0 时取 12.0。

7.1.5　相关研究的结论和讨论

本研究以国内多次破坏性地震中的部分强震动数据及其对应的宏观地震烈度资料为基

础，对地震动参数与地震烈度的关系进行了统计分析，结果表明：

由于地震烈度定义的模糊性、地震破坏及地震动记录本身的复杂性，地震烈度与地震动参数之间目前还难以找到明确的物理关系。地震动参数与地震烈度散点图的离散性较大，但地震动参数的均值与地震烈度具有良好的相关性，这与目前的研究结果相符。

地震动水平向的值与地震烈度的相关性普遍好于垂直向，三分向合成略好于两水平向合成。

峰值速度 PGV 与地震烈度的相关性好于峰值加速度 PGA 与地震烈度的相关性。目前国内外研究结果同样表明峰值速度 PGV 与地震破坏程度的相关性更好。

由于资料限制，所用的强震动观测资料均处于Ⅵ～Ⅹ度区（Ⅺ度及以上尚未取得过强震动记录，Ⅵ度以下无现场调查结果），其统计关系适用于Ⅵ～Ⅹ度，对于此地震烈度区域外仅具有参考意义。

研究中所用震后地震烈度调查资料是一定区域范围内的平均或延伸，而统计分析使用的强震数据只是个别点上的数据，若进一步针对强震动台站周边进行详细的地震烈度调查，应该可以减小统计关系的离散性。

7.2　仪器测定地震烈度计算流程的考虑

7.2.1　滤波频带选取

滤波频带的选取主要考虑仪器测定地震烈度方法对小震、破坏性大震、特大地震的适用性。对收集的 11853 组强震动记录的频率成分进行了分析，得出加速度的主要频率范围为 0.1～30Hz，速度的主要频率范围为 0.05～10Hz。分别对全部地震动记录及Ⅵ度区以上记录的峰值加速度与峰值速度的频率分布特征进行了分析。结果表明，Ⅵ度区及以上记录的峰值加速度与峰值速度散点主要集中在 0.5～10Hz，而全部地震动记录的加速度峰值与峰值速度散点主要集中于 0.1～10Hz。地震动的频谱具有相容性，对震级来说，小震的高频成分相对丰富，而大震的低频成分则相对丰富；对同一个地震不同震中距来说，震中距小则高频成分相对丰富，震中距大则低频成分相对丰富。为了兼顾小震近震中高频记录及大震低频记录对仪器测定地震烈度的影响，同时带通频段范围也包含我国大多数建筑结构的基本频率范围（低矮结构基本频率为 2～10Hz，高层结构的基本频率为 0.2～1.0Hz），综合考虑，仪器测定地震烈度的滤波带通频段选取为 0.1～10Hz。

7.2.2　计算方法的考虑

针对仪器测定地震烈度的方法和流程进行规定，涉及多个具体指标。为了更科学、合理地制定这些标准，标准起草人认真对比分析了日本、美国、我国大陆地区及我国台湾地区等多个国家和地区的地震烈度标准及相关的仪器测定地震烈度方法。图 7.2－1 为日本破坏性地震 PGA 和 PGV 分析结果。图中深色背景区域的 $PGA \geqslant 800\mathrm{gal}$ 且 $PGV \geqslant 100\mathrm{cm/s}$，为结构严重破坏区间，4 条虚线表示等效主频 $\dfrac{PGA}{2\pi PGV} = 0.5$、1.0、2.0、5.0Hz 对应的 PGA 与 PGV 曲线，序列#1 到#17 表示 8 次破坏性地震烈度调查点对应的 PGA 与 PGV 散点图。从图中看出，结构严重破坏区的 PGA 和 PGV 都较大，但 PGA 大并不意味结构的严重破坏，在短周期显著区如散点#4、5、7、8 尽管 PGA 很大，但造成的结构破坏却较轻。通过对比分析，推荐采用地震动峰值加速度 PGA 和峰值速度 PGV 联合作为仪器测定地震烈度方法的特征参数。对收集的 139 组强震动记录及对应的宏观调查地震烈度，分别进行了峰值加速度 PGA 和峰值速度 PGV 等地震动参数与宏观调查地震烈度的相关性分析。对收集的 11853 组强震动记录的频率成分进行了分析，并对峰值加速度 PGA 和峰值速度 PGV 的频率分布特征进行了分析，并以这些分析结果作为设定本标准相关技术指标的重要依据。

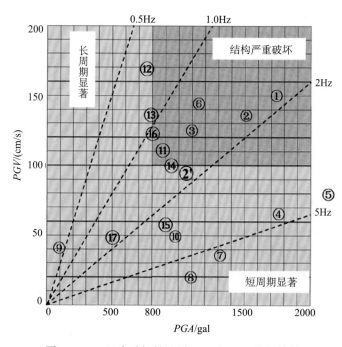

图 7.2 - 1　日本破坏性地震 PGA 和 PGV 分析结果

7.2.3　PGA 和 PGV 联合计算的考虑

由大量强震动记录分析表明，应用 PGV 计算地震烈度较为稳定，且与地震烈度相关性较好。当利用 PGA 和 PGV 计算的地震烈度值均大于 6 度时，要选取 PGV 作为计算地震烈度的依据。为了兼顾考虑低烈度区加速度对人体振动感觉的影响，其余采用 PGV 和 PGA 计算地震烈度值的算术平均。此种处理方式一是对较小震中距记录，避免因为高频成分影响出现不符合实际的大烈度；二是对大震较大震中距有感地区处，则避免了因 PGA 很小出现非常小的烈度。

7.3　参与地震烈度评定的注意事项

7.3.1　仪器测定地震烈度如何参与评定

按照 GB/T 17742—2020 中 4.1 条地震烈度评定方法规定，不具备仪器测定地震烈度条件的地区，应使用宏观调查评定地震烈度。具备仪器测定地震烈度条件的地区，宜采用仪器测定的地震烈度。

是否具备仪器测定地震烈度条件取决于评定区的地震观测仪器密度、类型和是否均匀，取决于所获取的地震动记录能否较全面反映地震动的整体分布情况，这些需要对观测台网进行综合评价后确定。不具备条件的地区，所获取的部分仪器测定的地震烈度可作为综合评定的参考。

7.3.2　用于地震烈度测定的仪器及布设

用于地震烈度测定的仪器宜布设在自由场地表，布设区域应能较好地反映当地的整体场地条件。具体可参照 DB/T 60—2015《地震台站建设规范　地震烈度速报与预警台站》中 4.4 的规定。对不符台址要求的地震动不应直接参与地震烈度评定，比如，布设在结构物上的仪器，布设在沟坎、回填土等极特殊场地的仪器，如参与地震烈度评定，应利用结构或特殊场地与自由场地表之间的传递函数，通过反卷积扣除结构及特殊场地对地震动的影响。

所用观测仪器应能记录到 0.1~10Hz 频带范围内真实的地震动，应保证记录质量和记录的真实性，对在此频带内仪器传递函数幅频响应不平坦的仪器，应通过反卷积进行仪器响应校正，校正在基线校正之后记录转换之前进行。

因依据仪器计算地震烈度同时需要加速度记录和速度记录，如地震动记录为加速度时应通过转换得到速度记录，如地震动记录为速度时应通过转换得到加速度记录。转化方法为积分和微分，加速度记录积分速度时可采用常用数值积分方法，应注意不应产生积分漂移，速度记录微分加速度时，应注意高频毛刺带来的异常点。

7.3.3　地震动记录的处理和合成

进行基线校正的目的是去除记录的零偏或基线，地震烈度的计算方法仅考虑 0.1~10Hz 频带范围内的地震动。

合成地震动记录是将地震动质点运动矢量转化成标量，对每个时间采样点的质点运动进行合成，合成后仍然是时程。

7.3.4　计算方法

GB/T 17742—2020 附录 A.8.2 中仪器测定的地震烈度取值是考虑人对地震动的感觉和地震动本身的能量问题。地震动是造成地震破坏的根本原因，其本身是复杂的，是包含幅值、频谱和持时等多种因素的时间过程，地震动以惯性力的形式作用于结构上，造成的结构破坏同样也是复杂的。

　　仪器测定的地震烈度考虑了一定频带范围的地震动加速度和速度幅值，对加速度记录来说，其高频成分相对丰富，记录直接反映的是惯性力；而对速度记录来说，其低频成分相对丰富，记录直接反映的是地震动携带的能量。GB/T 17742—2020 中式（A.7）考虑的因素是，当采用加速度和速度计算的烈度值均大于 6 度时，重点考虑地震动携带的能量，并避免使用高频相对丰富的加速度记录中的异常峰值，地震烈度取采用速度计算的烈度值；而当采用加速度或速度算得的烈度小于 6 度时，地震烈度取两者的算术平均，这样综合考虑了地震动携带的能量和加速度给人造成的感觉，既能避免大震远场记录因低频成分相对丰富、加速度值相对偏小而造成地震烈度计算值的异常小，也能避免小震近场记录因高频成分相对丰富、加速度值相对偏大而造成地震烈度计算值的异常大。

参考文献

DB/T 60—2015　地震台站建设规范　地震烈度速报与预警台站［S］

GB/T 17742—1999　中国地震烈度表［S］

GB/T 17742—1999　《中国地震烈度表》宣贯教材，北京：中国标准出版社，1999，59~80

GB/T 17742—2008　中国地震烈度表［S］

GB/T 17742—2008　中国地震烈度表（修订）［M］

GB/T 17742—2020　中国地震烈度表［S］

GB/T 24336—2009　生命线工程地震破坏等级划分［S］

GB 50260—1996　电力设施抗震设计规范［S］

TJ 11—78　工业与民用建筑抗震设计规范［S］

1990~1995 年中国大陆地震灾害损失评估汇编，国家地震局、国家统计局，1996，北京：地震出版社

1996~2000 年中国大陆地震灾害损失评估汇编，中国地震局监测预报司，2001，北京：地震出版社

2001~2005 年中国大陆地震灾害损失评估汇编，中国地震局震灾应急救援司，2010，北京：地震出版社

2006~2010 年中国大陆地震灾害损失评估汇编，中国地震局震灾应急救援司，2015，北京：地震出版社

《中国地震烈度表（1980）》说明书，中国科学院工程力学研究所，1980

中国地震年鉴（1983），《中国地震年鉴》编辑组，1985，北京：地震出版社

中国地震年鉴（1994），《中国地震年鉴》编辑组，1996，北京：地震出版社

中国地震年鉴（1995），《中国地震年鉴》编辑组，1997，北京：地震出版社

中国地震年鉴（1996），《中国地震年鉴》编辑组，1998，北京：地震出版社

中国地震年鉴（1997），《中国地震年鉴》编辑组，1999a，北京：地震出版社

中国地震年鉴（1998），《中国地震年鉴》编辑组，1999b，北京：地震出版社

中国地震年鉴（1999），《中国地震年鉴》编辑组，2000，北京：地震出版社

中国地震年鉴（2000），《中国地震年鉴》编辑组，2001，北京：地震出版社

中国地震年鉴（2003），《中国地震年鉴》编辑组，2004，北京：地震出版社

中国地震年鉴（2005），《中国地震年鉴》编辑组，2007，北京：地震出版社

中国震例（1966~1975）［M］，张肇诚（主编），1988，北京：地震出版社

中国震例（1976~1980）［M］，张肇诚（主编），1990a，北京：地震出版社

中国震例（1981~1985）［M］，张肇诚（主编），1990b，北京：地震出版社

中国震例（1986~1988）［M］，张肇诚（主编），1999，北京：地震出版社

中国震例（1989~1991）［M］，张肇诚（主编），2000，北京：地震出版社

中国震例（1992~1994）［M］，陈棋福（主编），2002a，北京：地震出版社

中国震例（1995~1996）［M］，陈棋福（主编），2002b，北京：地震出版社

中国震例（1997~1999）［M］，陈棋福（主编），2003，北京：地震出版社

中国震例（2003~2006）［M］，蒋海昆（主编），2014，北京：地震出版社

中国震例（2007~2010）［M］，蒋海昆（主编），2018a，北京：地震出版社

中国震例（2011~2012）［M］，蒋海昆（主编），2018b，北京：地震出版社

中国震例（2013）［M］，蒋海昆（主编），2019，北京：地震出版社

中国震例（2014~2015）［M］，蒋海昆（主编），2019，北京：地震出版社

中国震例——2008 年 5 月 12 日四川汶川 8.0 级地震，［M］，杜方等（编著），2018，北京：地震出版社

薄景山、张建毅、孙平善等，2012，震害指数及有关问题的讨论［J］，自然灾害学报，21（6）：37～42

《城市公用设施抗震设计规范》编制组，1975，辽宁海城、营口地震城市公用设施震害调查报告

地震烈度工作会议《地震战线》编辑组，1971，地震烈度资料汇编，北京

地质研究所，1974，地震烈度的鉴定，国家地震局

郭恩栋、杨丹、高霖、刘智、洪广磊，2012，地下管线震害预测实用方法研究［J］，世界地震工程，28（02）：8～13

国家地震局工程力学研究所，1994，刘恢先地震工程学论文选集，北京：地震出版社

韩彦文，2008，地震时人为什么会头晕［J］，社区，000（016）：13～14

侯忠良，1990，地下管线抗震［M］，北京：学术书刊出版社

胡聿贤，1988，地震工程学［M］，北京：地震出版社

华智明、杨期余，2005，电力系统［M］，重庆：重庆大学出版社，76～121

雷建成、高孟潭、俞言祥，2007，四川及邻区地震动衰减关系［J］，地震学报，29（5）：500～511

李春锋、张旸，2007，长周期地震动衰减关系研究的迫切性［J］，地震地磁观测与研究，38（4）：1～8

李杰，2005，生命线地震工程：基础理论与应用［M］，北京：科学出版社

李善邦，1954，地震烈度表的运用问题［J］，地球物理学报，3（1）：35～54

李水龙，2014，地震仪器烈度计算方法初步研究［D］，哈尔滨：中国地震局工程力学研究所

李延唯，2020，地震现场工作新需求下的辅助烈度判别指标研究［D］，哈尔滨：中国地震局工程力学研究所

林庆利，2017，基于汶川地震震害的公路桥梁易损性研究［D］，哈尔滨：中国地震局工程力学研究所

林庆利、林均岐、刘金龙、孙路，2017，基于公路桥梁震害的烈度评定研究［J］，地震工程与工程振动，37（4）：97～100

刘恢先主编，1986，唐山大地震震害［M］，北京：地震出版社

刘恢先主编，1986，唐山大地震震害（第二册）［M］，北京：地震出版社

刘如山、刘金龙、颜冬启等，2013，芦山7.0级地震电力设施震害调查与分析［J］，自然灾害学报，（5）：83～90

刘如山、舒荣星、熊明攀，2018，变电站高压电气设备易损性研究［J］，自然灾害学报，27（1）：9～16

刘如山、张美晶、邬玉斌、刘勇、林均岐、郭恩栋，2010，汶川地震四川电网震害及功能失效研究［J］，应用基础与工程科学学报，18（Z1）：200～211

卢荣俭，1981，《中国地震烈度表（1980）》简介［J］，地震工程动态，3：48～51

马强、李水龙、李山有、陶冬旺，2014，不同地震动参数与地震烈度的相关性分析［J］，地震工程与工程振动，34（04）：83～92

日本防灾科学技术研究所，峰值加速度和峰值速度与计测烈度关系，https：//www.kyoshin.bosai.go.jp/kyoshin/topics/chuetsuoki20070716/pgav5v20070716.html

四川电力试验研究院，2008，汶川大地震四川电网电气设备受损情况调研分析报告［R］，成都

孙柏涛、孙福梁、李树桢、茹继平、杜玮，2000，包头西6.4级地震震害［M］，北京：中国科学技术出版社

孙景江等，2011a，宏观震害等级标准研究［R］，哈尔滨：中国地震局工程力学研究所

孙景江等，2011b，中国地震烈度标准研究［R］，哈尔滨：中国地震局工程力学研究所

孙路，2015，基于典型生命线工程震害评定地震烈度的研究［D］，哈尔滨：中国地震局工程力学研究所

孙路、林均岐、刘金龙，2016，基于桥梁震害评定地震烈度的研究［J］，自然灾害学报，25（4）：77～85

孙绍平，1977，中国地下管道的震害［A］，北京：学术书刊出版社

孙绍平，1990，地下管线抗震［C］，北京：学术书刊出版社

通海地震影响场调查组，1973，通海地震的烈度分布与场地影响［M］，中国科学院工程力学研究所

王东炜，1991，地下管线震害预测初探［M］，郑州工学院学报，12（1）：65~68

王光远，1959，论"新的中国地震烈度表"中的若干问题，哈尔滨建筑工程学院、中国科学院土木建筑研究所

王虎栓，1991a，地震动对人生理反应的影响初探［J］，灾害学，6（2）：76~79

王虎栓，1991b，论地震烈度的定量尺度［D］，哈尔滨：国家地震局工程力学研究所

谢毓寿，1957，新的中国地震烈度表［J］，地球物理学报，6（1）：35~47

徐如祥，2009，地震灾害医学——汶川特大地震救援回顾与经验总结，第一版［M］，北京：人民军医出版社

鄢家全等，2009，历史地震烈度表研究报告［R］，北京：中国地震局地球物理研究所

杨丹，2011，供水系统震害与功能失效模式分析［D］，哈尔滨：中国地震局工程力学研究所

杨玉成、杨柳、高云学等，1982，现有多层砖房震害预测的方法及其可靠度［J］，地震工程与工程振动，2（03）：75~86

杨玉成、袁一凡、郭恩栋等，1996，1996年2月3日云南丽江7.0级地震丽江县城震害统计和损失评估［J］，地震工程与工程振动，16（01）：19~29

叶耀先、崗田宪夫，2008，地震灾害比较学［M］，北京：中国建筑工业出版社

叶耀先、魏琏，1982，浅埋地下管线的动力性能［C］，北京：科学出版社

尹之潜，1995，城市地震灾害预测的基本内容和减灾决策过程［J］，自然灾害学报，4（1）：17~25

尹之潜，1996，地震灾害及损失预测方法［M］，北京：地震出版社

于永清、李光范、李鹏等，2008，四川电网汶川地震电力设施受灾调研分析［J］，电网技术，32（11）：5~10

俞言祥，2004，长周期地震动研究综述［J］，国际地震动态，（07）：1~5

张超、吴从晓、伍胜喜等，2008，云南普洱6.4级地震震害分析［J］，防灾减灾工程学报，28（02）：230~235

赵成刚、冯启民等，1984，生命线地震工程［M］，北京：地震出版社

中国地震局，1998，地震现场工作大纲和技术指南，北京：地震出版社

中国地震局工程力学研究所，2009，汶川地震工程震害科学考察总结报告［R］，哈尔滨

中国科学院工程力学研究所，1977，通海地震的烈度分布与场地影响［M］，北京：科学出版社

中国科学院工程力学研究所，1979，海城地震震害［M］，北京：地震出版社

中华人民共和国交通运输部、四川省交通厅、甘肃省交通运输厅、陕西省交通运输厅，2011，汶川地震公路震害调查（第3册 桥梁）［R］，北京：人民交通出版社

周光全、谭文红、施伟华等，2007，云南地区房屋建筑的震害矩阵［J］，中国地震，23（02）：115~122

朱皆佐、江在雄，1978，松潘地震［M］，北京：地震出版社

［德］GRUNTHAL G，黎益仕、温增平译，2010，欧洲地震烈度表（1998），北京：地震出版社

Campbell K W，Bozorgnia Y，1994，Empirical Analysis of Strong Motion from the 1992 Landers［J］，California，Earthquake，Bull Seism Soc Amer，84：573-588

Grünthal G，1998，European macroseismic scale 1998［R］，European Seismological Commission（ESC）

ISO 2631-1：1985，Evaluation of human exposure to whole-body vibration-Part1：General requirements［S］

National Institute of Building Sciences（Washington，D. C.），1997，Earthquake Loss Estimation Methodology：HAZUS Technical Manual［R］，Federal Emergency Management Agency

Nagae T，Kajiwara K，Fujitani H，et al，2008（S10-010），Behaviors of Nonstructural Components in Seismic Responses of High-Rise Buildings—E-Defense Shaking Table Test［C］，Proceedings of 14th World Conference on Earthquake Engineering.

日本内阁府，2015，地震防灾情报システム（DIS）の概要，［EB/OL］，http：//www. Bousai. go. jp/kazan/kakonotaisaku /sinkasai /s308. html